Storys für kleine Weltretter
Copyright © 2021 Polly Larsson

Herausgeber: lovelypubli GmbH, Michaelkirchplatz 1, 10179 Berlin
Kontakt: info@lovelypubli.de

Autorin: Polly Larsson
Illustration: Vivien Sarkany
Umschlaggestaltung: Solimar Herrera
Lektorat: Kathrin Andreas
Korrektorat und Faktencheck: Dr. Hanne Tyslik
Buchsatz: Chartini Arie
ISBN: 978-3-9823346-2-2
Druck und Vertrieb: Amazon Kindle Direct Publishing

Bibliografische Informationen der Deutschen Nationalbibliothek:
Die Deutsche Nationalbibliothek verzeichnet diese Publikation in der Deutschen Nationalbibliografie; detaillierte bibliografische Daten sind im Internet über http://dnb.d-nb.de abrufbar.

LOVELY ♥ PUBLI

Storys für kleine Weltretter

Inspirierendes Kinderbuch über Umweltschutz, Nachhaltigkeit und Klima

POLLY LARSSON

INHALT

Vorwort

Hast du schon mal etwas vom Klimawandel gehört?

Vom Klimawandel spricht man, wenn sich das Wetter auf der Erde verändert, also wenn es wärmer oder kälter wird. Das Klima hat sich auch schon in der Vergangenheit verändert, doch bei den meisten natürlichen Klimaveränderungen hatte die Natur Zeit, sich daran anzupassen. Im Moment erwärmt sich die Erde jedoch sehr schnell und diese Erderwärmung ist menschengemacht. Vor allem Kohlekraftwerke, Fabriken, Flugzeuge und Autos sind dafür verantwortlich, denn sie stoßen in großen Mengen CO2 aus. Diese Veränderungen in der Atmosphäre können zu extremen

Wettern führen, die Überschwemmungen, Dürren und Wirbelstürme auslösen können.
Allein können wir die Welt nicht retten, aber das Gute ist, dass jeder Einzelne die Welt ein bisschen besser machen kann.
Und davon erzählen die folgenden zehn Geschichten.

Jerome zum Beispiel, der viel zu viel Spielzeug besitzt, wird auf eine ziemlich gute Idee gebracht, durch die sich zusätzlich auch noch sein Aufräumproblem löst. Oder Carla, die sich für den Schutz der Meere interessiert und eine Möglichkeit findet, einen wertvollen Beitrag für die Umwelt zu leisten, und dazu noch eine Menge neuer Freundinnen und Freunde gewinnt. Die Freunde Leroy und Bruno lernen eine neue Fertigkeit kennen, die sie aus alten Sachen Neues zaubern lässt und dabei sogar noch Ressourcen schont. Und Paula, die sich eine besondere Idee für die Sommerferien ausgedacht hat, weil sie in Zukunft auf Flugzeugreisen verzichten will. Greta Thunberg ist das Vorbild für Martha, die in einer mutigen Aktion versucht, das Zuhause einer Stadtfüchsin

zu retten. Ben macht sich schließlich Gedanken darüber, ob man im verschneiten Winter wirklich frische Erdbeeren haben muss.
Lass dich von den mutmachenden Geschichten inspirieren, was man vielleicht noch alles für die Umwelt und den Klimaschutz tun kann.

Ich wünsche dir viel Spaß beim Lesen!

Deine Polly Larsson

Drei Regeln für Jerome

Jerome saß in seinem Zimmer auf dem Boden. Aus der Musikanlage drangen die Stimmen seines Lieblingshörspiels. Er war umgeben von Kuscheltieren, Spielzeugautos, Flugzeugmodellen, Spielfiguren von Star Wars, Legosteinen, Rittern, Pferden, der dazugehörigen riesigen Ritterburg, einer Modelleisenbahn, einer Autorennbahn und zahlreichen Puzzles. Und er langweilte sich schrecklich. Er hatte so viele Spielsachen und wusste nichts damit anzufangen.

Durch die geschlossene Tür hörte er seine Mutter rufen: „Jerome, hast du dein Zimmer endlich aufgeräumt?“

Jerome seufzte. Das Aufräumen würde ewig dauern und draußen schien doch die Sonne. Kurzerhand schob er alle Sachen zusammen in eine Zimmerecke, nahm die große Decke von seinem Bett und breitete sie darüber aus. Fertig! Dann schloss er pfeifend hinter sich die Zimmertür. Er streckte seinen Kopf ins Wohnzimmer und rief seiner Mutter zu: „Aufgeräumt. Ich gehe Fahrrad fahren.“

Dann nahm er sein Rad und fuhr einfach drauflos.

Es war Frühling. Die Vögel zwitscherten von den langsam grün werdenden Bäumen hinab und die Blumen am Wegesrand begannen, zaghaft zu blühen. Jerome radelte bis zum Ortsrand. Dort stand das schiefe, graue Haus von Herrn Winkelmüller. Unter den Kindern war bekannt, dass man das Haus unter allen Umständen meiden sollte. Manchmal machten sie eine Mutprobe und schmissen etwas auf die Wiese des großen Grundstücks. Herr Winkelmüller, der genauso alt und grau war wie das Haus selbst, kam dann hinausgelaufen, reckte seinen Stock in die Höhe und brüllte. Im Dorf sprach man davon, dass er sehr eigentümlich sei. Alle Kinder hatten Angst vor ihm.

Herr Winkelmüller stand mit dem Rücken zu ihm gewandt vor einer neu errichteten Hütte. Wo kam die denn plötzlich her? Er hatte seine Hand auf den Stock gestützt und sprach auf jemanden ein, so viel konnte Jerome erkennen. Ein Schauer kroch Jerome den Nacken hinauf. War die Hütte etwa eine Falle? Hatte wieder jemand etwas auf den Rasen geschmissen? Und hatte Herr Winkelmüller nun endgültig genug von den Kinderstreichen?

Normalerweise kehrte Jerome an dieser Stelle um, denn weiter als bis zum Ortsrand durfte er nicht fahren. Aber nun konnte er ja nicht einfach abhauen. Was, wenn tatsächlich ein Kind in der Hütte war? Er ließ sein Rad an Ort und Stelle fallen und schlich sich langsam von hinten an den Zaun heran, um einen Blick in die Hütte zu werfen.

Mit einem Mal drehte Herr Winkelmüller sich um. Jerome erstarrte vor Schreck und hätte fast laut aufgeschrien. So nah war er dem alten Mann noch nie gekommen. Er wollte zurück zu seinem Rad springen, um schnell davonzudüsen, doch da trat hinter Herrn Winkelmüller ein Mädchen aus der Hütte. Jerome hatte sie noch nie zuvor gesehen und konnte seinen Blick nicht von ihr abwenden. Ihre Haare waren zu einem hohen Pferdeschwanz gebunden, der bei jeder Kopfbewegung lustig hin und her hüpfte. Ihr Gesicht war voller Sommersprossen. Sie trug eine Jeans-Latzhose und dazu Gummistiefel, die ihr viel zu groß waren.

„Warum glotzt du denn so?", rief das Mädchen über den Zaun zu ihm hinüber. „Und warum schleichst du hier so herum?"

„Ä-Äh", stotterte Jerome und trat unsicher von einem Fuß auf den anderen. „Ich war neugierig", antwortete er dann ganz ehrlich. „Die Hütte ist doch neu, oder?"

„Gut erkannt."

„Wer bist du denn?“, fragte Jerome, der seinen ganzen Mut zusammengenommen hatte. „Und was machst du hier überhaupt?“ Mit dem Kopf deutete er unauffällig auf Herrn Winkelmüller.

„Sag mir lieber erst einmal, wer du bist!“

„Ich heiße Jerome.“

„Du willst ja ganz schön viel wissen“, sagte das Mädchen. „Na gut, ich bin Elisabeth. Aber Achtung, nicht Elli, nicht Betty, nicht Elisa und schon gar nicht Lilli. Ich heiße Elisabeth und mag keine Abkürzungen. Also fang gar nicht erst damit an.“

Jerome schüttelte eingeschüchtert den Kopf. Elisabeth konnte gar nicht so viel älter sein als er, aber irgendwie benahm sie sich schon sehr erwachsen.

„Ich bin zu Besuch bei meinem Onkel.“

Ein breites Lächeln erschien auf Herrn Winkelmüllers Gesicht. Jerome hatte ihn noch nie so freundlich gesehen.

„Möchtet ihr einen Kaffee?“, fragte Herr Winkelmüller.

„Kaffee? Wir sind doch noch Kinder“, erwiderte Jerome erstaunt.

„Mit viel Zucker und viel Milch bitte“, antwortete Elisabeth mit hoher Stimme.

Herr Winkelmüller nickte brav und ging ins Haus. Jerome war wirklich erstaunt, der sonst so böse wirkende alte Mann erschien ihm in Gegenwart seiner Nichte gar nicht mehr so gruselig. Verrückt!

Wenig später erschien Herr Winkelmüller mit einem großen Tablett vor der Brust und stellte es auf dem Holztisch vor dem Haus ab. Eine Schüssel mit Haferkeksen hatte er auch noch mitgebracht. Dann goss er aus einem Kännchen Milch in eine Tasse ein, nahm die Zuckerdose und gab zwei Zuckerwürfel dazu. Zuallerletzt nahm er die große Porzellankanne und goss nur wenig Kaffee in die Tasse.

Jerome lachte. „So einen Kaffee nehme ich auch bitte.“

Elisabeth sah ihn mit hochgezogenen Augenbrauen an, dann nahm sie ihrem Onkel die Tasse aus der Hand, lächelte ihn liebenswürdig an und bedankte sich mit einem kleinen Knicks. Sie spreizte ihren kleinen Finger ab und trank ihren Kaffee wie eine feine Dame.

Fasziniert beobachtete Jerome sie dabei. Herr Winkelmüller drückte ihm die andere Tasse in die Hand. Er trank einen Schluck und spuckte den bitteren Kaffee im hohen Bogen auf die Erde. Herr Winkelmüller und Elisabeth lachten. Dann stellte Elisabeth die Tasse zurück auf das Tablett und marschierte zur Holzhütte. Ehe sie darin verschwand, drehte sie sich zu Jerome um und fragte: „Kommst du mit oder traust du dich nicht?"

Jerome zögerte kurz und ging Elisabeth schließlich hinterher. In der Hütte gab es nur schummriges Licht und es roch nach frischem Holz. An den Wänden waren Regale aufgebaut, die zum größten Teil leer waren, und an der hinteren Wand stand ein altes Sofa. Elisabeth legte sich quer darauf und starrte an die Decke. Ohne ihn anzusehen, sagte sie zu Jerome: „Such dir was aus."

„Wie meinst du das?"

„Na, genau so, wie ich es sage. Such ... dir ... was ... aus."

JEROMES UMSONSTLADEN
REGELN NICHT VERGESSEN!

„Ich kann mir was aussuchen?“

„Bist du immer so schwer von Begriff?“, fragte Elisabeth argwöhnisch.

Jerome schüttelte den Kopf. Dann sah er sich in den Regalen um. Er entdeckte genau drei Spielzeuge: einen Bogen mit ein paar Pfeilen, eine Porzellanpuppe, die bestimmt schon hundert Jahre alt war und deren blütenweißes Spitzenkleid wie neu glänzte, und einen braunen Lederfußball. Das war alles. Der Bogen mit den Pfeilen, an deren Spitze Saugnäpfe befestigt waren, faszinierte Jerome am meisten. „Kann ich den Bogen haben?“

„Klar. Mein Onkel hat den selbst gefertigt“, sagte Elisabeth stolz. „Aber es gibt Regeln. Und die sind sehr, sehr wichtig. Also merke sie dir gut.“ Ihre Stimme war immer leiser geworden, sodass sie beinahe flüsterte. Jerome verharrte mucksmäuschenstill. Er wollte Elisabeth genau verstehen und auf keinen Fall ein zweites Mal nachfragen müssen.

Kaum hörbar fuhr sie fort: „Regel Nummer eins: Du musst mit dem Spielzeug sehr achtsam umgehen! Regel Nummer zwei: Du darfst das

Spielzeug auf keinen Fall mit Absicht kaputt machen! Und Regel Nummer drei ..."

Erwartungsvoll starrte Jerome Elisabeth an. Sie genoss den Moment und zog ihn in die Länge. „Regel Nummer drei: Wenn dir das Spielzeug langweilig wird, musst du es unbedingt zurückbringen. Sofort!"

Jerome nickte übereifrig.

„Dann kannst du jetzt gehen. Nimm auch noch die Zielscheibe mit, damit du überhaupt üben kannst." Sie zog die Scheibe unter dem Sofa hervor und reichte sie Jerome.

„Darf ich morgen wiederkommen?"

Elisabeth verdrehte die Augen. „Klar doch."

Er schulterte die Scheibe, die Pfeile und den Bogen und radelte glücklich nach Hause.

Schon von Weitem konnte er seine Mutter erkennen, die mit den Händen in die Hüften gestemmt an der Eingangstür auf ihn wartete. Wütend blitzte sie ihn an. Jerome lehnte sein Fahrrad an die Hauswand und ahnte nichts Gutes.

Da wütete seine Mutter auch schon los: „Das nennst du Aufräumen? Das kann doch nicht wahr sein. Du darfst erst wieder das Haus verlassen, wenn du dein Zimmer ordentlich aufgeräumt hast, verstanden?“

Mit gesenktem Kopf lief Jerome an seiner Mutter vorbei in sein Zimmer. Die Decke lag wieder ordentlich auf dem Bett, doch die Spielsachen türmten sich immer noch in der Zimmerecke. Nachdenklich betrachtete er das ganze Spielzeug. So richtig gespielt hatte er damit lange nicht mehr. Elisabeths Stimme hallte in seinem Kopf und so nahm er erst einmal die Zielscheibe, den Bogen und die Pfeile und hängte die Sachen ordentlich an einen Nagel an der Zimmertür auf. Dabei bekam er ein schlechtes Gewissen. Er hatte sein eigenes Spielzeug noch nie sorgsam behandelt. Die Ritterburg hatte er mit Filzstiften bemalt und seinem Lieblingsteddy hatte er ein Auge ausgerissen. Das sollte sich aber jetzt ändern! Mit einem nassen Lappen säuberte er die Ritterburg, bis sie in neuem Glanz erstrahlte. Dann bastelte er aus einer Schnur und einem Stück Pappe eine Augenklappe für den Teddy. Während er seine restlichen Spielsachen begutachtete, putzte und flickte, kam ihm eine Idee. Er ging zu seiner Mutter ins Wohnzimmer.

„Hast du zwei große Kisten?“

„Hast du denn dein Zimmer schon aufgeräumt?“

„Dafür brauche ich ja die Kisten.“

Seine Mutter überlegte. „Ich glaube, wir haben im Keller noch welche.“

An diesem Abend ging Jerome erst spät, aber zufrieden ins Bett. Vor seiner Tür standen zwei vollgepackte Kisten mit altem, aber noch gut erhaltenem Spielzeug. Damit wollte er Elisabeth morgen überraschen.

Die Sonne schien auch am nächsten Morgen wieder hell und Jerome schlang hastig seine Frühstücksflocken hinunter. Er konnte es kaum abwarten, zu Elisabeth zu fahren. Sein Vater half ihm, den Anhänger an seinem Fahrrad zu befestigen. Er verstaute die beiden Kisten darin und trat dann kräftig in die Pedale.

Am Grundstück von Herrn Winkelmüller angekommen, konnte er weder ihn noch Elisabeth finden. Er ging zu der Hütte und sah an der Tür ein nagelneues, kunterbuntes Schild.

HEREINSPAZIERT
JEROMES UMSONSTLADEN
REGELN NICHT VERGESSEN!

Er wunderte sich ein bisschen darüber, dass sein Name darauf stand, dann öffnete er vorsichtig die knarrende Holztür. Der frische Holzgeruch strömte ihm entgegen, doch die Hütte war leer. Enttäuscht lief er zu seinem Anhänger, nahm die Kisten und räumte die Regale mit seinem alten Spielzeug voll. Als er die letzten Spielsachen eingeräumt hatte, hörte er den Motor eines Wagens und lief aufgeregt nach draußen.

Herr Winkelmüller, vor dem er nun keine Angst mehr hatte, stieg aus dem Auto. Jerome wartete gespannt darauf, dass auch Elisabeth aussteigen würde, doch die anderen Türen blieben geschlossen.

„Herr Winkelmüller, wo ist denn Elisabeth?“

„Ich habe sie zum Zug gebracht, sie ist nach Hause gefahren.“

„Kommt sie denn wieder?“

„Natürlich. Aber erst in den nächsten Ferien. Sie hat einen Brief für dich dagelassen."

Jerome nahm Herrn Winkelmüller den Brief aus der Hand und drehte sich schnell weg. Er wollte nicht, dass Herr Winkelmüller sah, wie traurig er war. Mit dem Brief rannte Jerome zur Hütte, setzte sich aufs Sofa und öffnete ihn vorsichtig.

In dem Umschlag waren zwei Blätter. Auf dem einen standen die drei Regeln geschrieben. Und auf dem anderen Blatt standen nur zwei Sätze: *Enttäusch mich nicht! Ich weiß, dass du weißt, was zu tun ist.*

Herr Winkelmüller steckte seinen Kopf zur Hütte herein. „Jeromes Umsonstladen. Stimmt das? Übernimmst du?"

Jerome nickte.

Obwohl Jerome davon überzeugt war, dass die Zeit bis zu den nächsten Ferien ewig lange dauern würde, verging sie wie im Flug. Jedes Wochenende verbrachte Jerome in dem Umsonstladen. Schnell verbreitete sich die Nachricht unter den Kindern, dass man sein altes Spielzeug dort abgeben und sich dafür ein neues mitnehmen konnte. Die Kinder kamen sogar von weit her.

Die drei Regeln hatte Jerome eingerahmt und mithilfe von Herrn Winkelmüller an der Wand über dem Sofa befestigt. Die Kinder gingen gut mit den Spielsachen um und keiner hatte mehr Angst vor Elisabeths Onkel, der immer eine Schale mit frisch gebackenen Keksen auf der Veranda stehen hatte.

Endlich brach der langersehnte erste Ferientag an und Jerome radelte aufgeregt zu Herrn Winkelmüller. Elisabeth saß schon im Schneidersitz mit einer Tasse vor der Hütte und sah ihn augenzwinkernd an. Hinter ihr kam ein Mädchen aus der Hütte, sie hatte die Zielscheibe, den Bogen und die Pfeile geschultert und winkte ihnen lachend zu.

„Ich wusste, dass ich dir den Laden anvertrauen kann."

Jerome lächelte stolz.

„Möchtest du auch einen Kaffee?", fragte sie.

„Ganz bestimmt nicht.“

Die beiden sahen sich an und grinsten.

Schon gewusst?

WARUM TUT ES UNSERER UMWELT NICHT GUT, WENN WIR VIEL ZU VIELE SPIELSACHEN HABEN?

Zum einen werden viele Spielsachen aus Kunststoff hergestellt und diese Kunststoffe werden aus Erdöl gewonnen – eine Ressource, die begrenzt ist und mit der wir sparsam umgehen sollten. Außerdem sind die Spielsachen in den Geschäften zusätzlich in Folie eingeschweißt und in Plastikschalen und Kartons verpackt. Zum anderen landet ein großer Teil der Spielsachen irgendwann im Müll, doch weniger als die Hälfte des in Deutschland anfallenden Plastikmülls wird recycelt. So wachsen die Müllberge immer weiter an. Hast du schon mal altes Spielzeug verschenkt, mit deinen Freunden getauscht oder auf dem Flohmarkt verkauft?

Ahoi!

Der Wind rauschte in Carlas Ohren, während das große Segelschiff über das Meer glitt. Das Wasser peitschte gegen den Bug. Die Sonne blendete gleißend am azurblauen Himmel. Die großen Segel flatterten kraftvoll und vor dem Bug sprang eine Gruppe von Delphinen. Ihre fröhliche Mimik zauberte Carla ein Lächeln ins Gesicht. Hinter dem Schiff hinterließ das Kielwasser Spuren, während sie immer weiter auf das offene Meer segelten.

Carla zog sich die Schirmmütze tiefer ins Gesicht. Ihre Arme und Beine waren braun gebrannt und die gebleichten Haarspitzen quollen unter der Kopfbedeckung hervor. Sie hielt sich an der Reling fest und starrte gebannt auf die unendliche Weite des Ozeans, während ihr Segelschiff die Wellen durchbrach.

Carla spürte eine Hand auf ihrer Schulter. Sie drehte sich freudestrahlend zu dem Kapitän um, blickte stattdessen in das Gesicht ihres Vaters, der sie breit angrinste.

„Na, hab ich dich erwischt. Träumst du schon wieder mit offenen Augen?"

„Mensch, Papa!", sagte Carla genervt.

„Erzähl mal, mein Schatz, wo warst du diesmal?"

„Dort, wo es schöner ist als hier." Schmollend schob sie ihre Unterlippe nach vorne.

„Ach Carla, es tut mir wirklich leid, dass wir umziehen mussten. Du wirst hier bestimmt bald ganz viele neue Freundinnen finden."

Doch Carla schüttelte missmutig den Kopf. Seit zwei Wochen ging sie nun in die neue Schule und sie hatte immer noch niemanden richtig kennengelernt. Die Mädchen in ihrer neuen Klasse hatten bereits alle einen festen Freundeskreis. Für sie gab es offenbar keinen Platz mehr. Außerdem fehlte ihr der Mut, ihre Mitschülerinnen und Mitschüler in den Hofpausen einfach anzusprechen. Aus Angst, abgewiesen zu werden, zog sie sich allein auf eine Bank zurück, wo sie in ihren Lieblingszeitschriften blätterte. Sie interessierte sich vor allem für Meeresbiologie. In ihrer alten Schule hatte es dafür extra eine Arbeitsgemeinschaft gegeben, aber hier gab es solche Kurse nicht. Und sowieso wollte sie gar nicht hier sein, daran war nur der neue Job ihrer Mutter schuld.

Am Montagmorgen machte sich Carla lustlos auf den Weg zur neuen Schule. Neidisch beobachtete sie, wie die Schülerinnen und Schüler sich auf der Straße begrüßten und gemeinsam weitergingen. Als sie eine Mitschülerin an der roten Ampel sah, winkte sie ihr schüchtern zu, doch das Mädchen reagierte nicht. Traurig überquerte Carla die Straße. In ihrer Traumwelt war sie viel glücklicher. Und so träumte sie sich wieder zurück in den Süden ans türkisfarbene Meer. Sofort hörte sie die Segel flattern und spürte die Sonnenstrahlen auf ihrer Haut.

Erst das laute Hupen eines Autos riss sie aus ihrem Tagtraum. Neben ihr hielt ein großer schwarzer Geländewagen, aus dem Patrizia stieg. Ihr Haar glänzte und alles an ihr sah einfach makellos aus. Ihre Klamotten wirkten, als wären sie erst gestern gekauft worden.

Carla setzte gerade an, sie freundlich anzulächeln, da schnalzte Patrizia mit der Zunge. Mit überheblicher Stimme rief sie in Carlas Richtung: „Schon mal auf den Straßenverkehr geachtet?“

Carla schüttelte den Kopf und lief mit hängenden Schultern in das Schulgebäude. Während sie den Schulflur entlangging, sah sie, wie ihr Klassenlehrer ein Plakat aufhängte. Carla blieb neben ihm stehen und ihr Lehrer hielt inne.

Er blickte Carla freundlich an. „Na, wäre das nicht was für dich?“

Neugierig betrachtete Carla das bunt bedruckte Plakat.

GESUCHT:
DAS UMWELTPROJEKT
FÜR UNSERE SCHULE

Macht mit und gewinnt für eure Klasse eine Fahrt an den Ort eurer Träume!

„Kann da jeder mitmachen?", fragte Carla hoffnungsvoll. Sie liebte solche Projekte und in ihrer alten Schule hatte sie auch bereits erfolgreich an einigen teilgenommen.

„Na klar. Hast du denn schon eine Idee?", fragte der Lehrer.

„Noch nicht, aber ich bin mir sicher, dass mir bis heute Nachmittag etwas einfällt."

„Das ist doch klasse! Bis übermorgen kann man sich noch bewerben. Bis dahin ist zwar nicht mehr viel Zeit, aber gemeinsam klappt das mit der Bewerbung bestimmt. Voraussetzung ist nämlich, dass sich jeweils ein Team aus mindestens drei Schülerinnen und Schülern zusammenfindet."

Damit zerbrach Carlas Vorfreude. Ein Team, das aus drei Personen bestand? Um Himmels willen! Sie kannte doch niemanden hier. Wie sollte sie das denn schaffen?

„Kann ich auch allein ein Projekt einreichen?“, fragte sie rasch nach.

„Nein, das geht leider nicht. So sind die Regeln.“ Der Lehrer zuckte mit den Schultern und sah sie bedauernd an.

Carla setzte ihren Weg ins Klassenzimmer fort. Kaum hatte sie den Raum betreten, spürte sie die Blicke ihrer Mitschülerinnen und Mitschüler. Patrizia wurde von einer Gruppe umringt und flüsterte etwas hinter vorgehaltener Hand. Das laute Gelächter der anderen verletzte Carla wieder einmal mehr. Wahrscheinlich hatte Patrizia ihnen davon erzählt, wie sie verträumt über die Straße gelaufen war. Jetzt konnte sie es erst recht vergessen, die fehlenden Teammitglieder in ihrer Klasse zu finden. Carla setzte sich an ihren Tisch, der in der hintersten Ecke stand, und musste sich im Unterricht sehr konzentrieren, ihrem Lehrer überhaupt zuzuhören. Die Versuchung, sich wieder in ihre Traumwelt zu flüchten, war groß.

Als es endlich zur Pause klingelte, nahm sie ihre Brotbox und die neueste Ausgabe der Umweltzeitschrift, die sie abonniert hatte. Geradewegs lief sie zu der Bank, die direkt neben dem überfüllten

Mülleimer stand und deswegen nie besetzt war. Dort müffelte es zwar immer ein bisschen, aber dafür war sie ungestört. Während sie ihr Pausenbrot aß, blätterte sie in der Zeitschrift. Plötzlich verschluckte sie sich an einem Stück Brot. Auf einmal bekam sie einen kräftigen Schlag auf den Rücken und musste so stark husten, dass ihre Luftröhre wieder frei war. Carla wandte sich schnell um, doch sie sah nur noch einen Schatten im Gebüsch verschwinden. Zu spät, sie hätte sich gerne für die Hilfe bedankt.

In der Zeitschrift weckte ein riesiges Bild vom blauen Meer ihr Interesse. Es war eine Reportage über einen französischen Friseur, der es sich zur Aufgabe gemacht hatte, abgeschnittene Haare einzusammeln. Daraus wurden dann Filter gebaut, die das Meer säubern. Öl, Benzin und sogar die Reste von Sonnencreme verschmutzten die Ozeane immer mehr. Doch Haare hatten die wunderbare Eigenschaft, diese Fette wieder aufzunehmen. Dadurch funktionierten sie wie ein natürliches Reinigungsmittel, das sogar vielfach wiederverwendet werden konnte.

Das ist doch ein perfektes Umweltthema für den Wettbewerb, dachte Carla. Die gesamte Schule könnte mobilisiert werden, dabei mitzumachen und Haare einzusammeln. Aber leider fehlten ihr immer noch zwei Mitstreiterinnen oder Mitstreiter, um ein Dreierteam zu bilden.

Die Klingel ertönte, die Pause war zu Ende. Sie schnappte sich die Brotbox und ihre Zeitschrift und machte sich auf den Weg zurück ins Klassenzimmer.

Vor der Tür sah sie ihren Lehrer mit Patrizia sprechen. Ihr schönes, glänzendes Haar hing ihr wie ein Vorhang vor dem Gesicht, aber Carla konnte erkennen, dass sie weinte. Patrizia musste ihren Blick bemerkt haben, denn sie blitzte sie wütend an. Im großen Bogen lief Carla an den beiden vorbei ins Klassenzimmer.

Kurz nachdem der Unterricht wieder begonnen hatte, schlüpfte noch ein Junge ins Klassenzimmer. Er war kleiner als die anderen Jungs und fiel dadurch nicht sonderlich auf. Vielleicht hatte Carla ihn deswegen bislang noch nicht bemerkt. Aber wie er so an seinen Platz wieselte, könnte er derjenige gewesen sein, der ihr vorhin auf dem

Schulhof auf den Rücken geklopft hatte. Die Zeit verging träge und sie war froh, als der Unterricht endlich vorbei war.

Ein neuer Tag brach an und wieder blendete die Sonne, dabei hätte Regenwetter viel besser zu Carlas Stimmung gepasst. An diesem Morgen schob sie ihre Träume beiseite und passte im Straßenverkehr besser auf. So entging ihr auch nicht der Kommentar von Patrizias Vater, der seine Tochter mal wieder direkt vor der Schule absetzte. Er hatte die Scheibe auf der Beifahrerseite heruntergelassen und rief Patrizia hinterher: „Du regelst das heute mit deinem Lehrer, verstanden?“

Carla beobachtete, wie Patrizia zusammenzuckte und ihrem Vater wortlos zunickte. Doch dann blickte Patrizia zu ihr herüber, und wenn Blicke töten könnten, hätte es sie in diesem Moment wohl eiskalt erwischt. Carla senkte ihren Kopf.

Hinter sich hörte sie die Rollen eines Skateboards näher kommen und sprang schnell zur Seite. Es war der kleine Junge aus ihrer Klasse. Er preschte davon, bevor sie ihn ansprechen konnte, um sich bei ihm für das Rückenklopfen zu bedanken. Kurz darauf begegnete sie ihm in der Schule auf dem Flur. Mit dem Skateboard unter dem Arm stand er vor dem Plakat zu dem Umweltprojekt. Carla nahm ihren ganzen Mut zusammen und ging auf ihn zu.

„Ich bin Carla, die Neue", sagte sie.

„Ich weiß", antwortete er kurz angebunden.

„Und wie heißt du?"

„Elias."

„Das warst doch du, der mich gestern auf der Bank gerettet hat?"

„Gerettet ist wohl leicht übertrieben." Elias deutete auf das Plakat. „Schon eine Idee?"

„Ja, schon, aber ich brauche noch zwei Leute für das Team, allein darf ich das Projekt nicht einreichen."

„Ich stehe dir zur Verfügung", erklärte Elias und grinste sie breit an. „Nur mit Verstärkung kann ich nicht dienen. Ich bin eher so ein Einzelgänger wie du."

Dann klingelte es zum Unterricht und die beiden huschten schnell in den Klassenraum.

In dieser Mittagspause saß Carla das erste Mal nicht allein auf der Bank. Elias hockte neben ihr und lachte, als sie ihm von ihrer Idee mit dem Haaresammeln erzählte.

„Mensch, das kann kein Zufall sein, meine Mutter besitzt einen Friseursalon in der Innenstadt. Lass uns doch nach der Schule mal zusammen dort hingehen.“

„Okay“, antwortete Carla und wusste immer noch nicht, wie sie die fehlende dritte Person für den Wettbewerb finden sollte.

An diesem Tag verging der Unterricht in Windeseile. Carla freute sich, nach der Schule noch eine Verabredung zu haben und nicht wieder allein nach Hause gehen zu müssen. Es ist doch alles leichter, wenn man jemanden kennt, dachte sie.

Nach der Schule lauerte ihr Patrizia auf. Mit verschränkten Armen stand sie am Schultor. Hilfesuchend sah sich Carla nach Elias um. Dabei versuchte sie, sich unauffällig an Patrizia vorbeizuschleichen. Doch Patrizia schien auf sie gewartet zu haben und hielt sie am Arm fest. Erschrocken wirbelte Carla herum. „Lass mich!“

„Ich will dir nichts tun“, sagte Patrizia. „Im Gegenteil. Ich brauche deine Hilfe.“

„Du brauchst meine Hilfe?“, fragte Carla verwirrt.

„Ja, unser Klassenlehrer meinte, ich soll mich an dich wenden, du hättest schon eine Idee für das Umweltprojekt. Und da meine Noten gerade im Keller sind, könnte mich so ein Projekt retten und meine Versetzung steht nicht mehr auf dem Spiel.“

„Echt?“, fragte Carla aufgeregt. Was für ein Glück! Damit war Patrizia die dritte im Bunde und ihrer Teilnahme am Wettbewerb stand nichts mehr im Weg.

Patrizia verdrehte die Augen, aber da sie dabei lächelte, wirkte sie gar nicht mehr so eingebildet wie sonst.

Plötzlich stand Elias neben den beiden. „Super“, verkündete er. „Dann sind wir ja endlich zu dritt. Kommt, wir gehen mal zu meiner Mutter.“

Unterwegs erklärte Carla Patrizia ihre Idee, während Elias pfeifend vor den beiden Mädchen auf seinem Skateboard fuhr.

Elias’ Mutter war begeistert von dem Vorschlag, von nun an ihren Haarabfall zu spenden. Sofort stellte sie den ersten Sack Haare ihrer Kundinnen und Kunden für das Projekt zur Verfügung.

Danach liefen die drei zu Patrizia nach Hause. Sie wohnte mit ihrer Familie in der obersten Etage eines Hochhauses. Carla war beeindruckt von der Aussicht, bei der man über die gesamte Stadt blicken konnte. Patrizias Mutter war Architektin und besaß genug Arbeitsmaterial, womit sie ihre Präsentation für das Umweltprojekt anfertigen konnten. Am Abend fiel Carla nach einem kurzen Abendbrot überglücklich ins Bett.

Noch bevor der Wecker klingelte, wachte Carla am nächsten Morgen mit einem Kribbeln im Bauch auf. Aufgeregt hüpfte sie aus dem Bett. Auf dem Schulweg hupte ein großer Wagen neben ihr und sie entdeckte erleichtert Patrizia, die überschwänglich aus dem heruntergekurbelten Fenster winkte. Und direkt hinter dem Auto sah sie Elias mit seinem Skateboard die Straße überqueren. Vor der Schule standen die drei dicht zusammen und zählten die Minuten bis zur Präsentation ihres Projektes.

Endlich war es so weit. Die gesamte Schule hatte sich in der Aula versammelt. Carla betrat, gefolgt von Elias und Patrizia, die Bühne und stellte sich an das Mikrofon. Ihre Stimme zitterte leicht, aber mit der Zeit wurde sie immer selbstsicherer. Patrizia und Elias lächelten ihr stolz zu. Am Ende ihres Vortrags fragte Carla die gesamte Schülerschaft, ob sie beim Sammeln der Haare mitmachen würden. Erst hob sich eine Vielzahl von Händen im Publikum, dann sprangen alle begeistert auf und ein donnernder Applaus ertönte.

Doch noch hatten sie nicht gewonnen. Die Jury bestand aus der Schulleiterin und einem Vertreter der Stadt, die den Preis ausgerufen hatte. Die Juroren berieten sich flüsternd. Ungeduldig warteten die drei auf die Verkündung des Siegerteams. Endlich klopfte die Schulleiterin auf das Mikrofon und gab die drei als Gewinner des diesjährigen Umweltpreises bekannt. Der Vertreter der Stadt nahm das Mikrofon und teilte schließlich allen die Überraschung mit: Der Preis war eine Klassenfahrt nach Südfrankreich ans Meer! Am Ende dieses Schultages hatte jeder in der Klasse Carla mindestens einmal umarmt.

In den kommenden Wochen klapperten die drei die Friseursalons der Stadt ab. Elias auf dem Skateboard und Patrizia auf einem nagelneuen knallroten Fahrrad, mit dem sie neuerdings sogar zur Schule fuhr. Auch die Schülerinnen und Schüler ihrer Schule halfen tatkräftig mit, Haare einzusammeln. Die Aktion war ein voller Erfolg.

Und dann war es Zeit, den Gewinn einzulösen! Mit reichlich Haaren im Gepäck ging es ab nach Frankreich, wo sie ihre Sammlung persönlich bei dem Verein abgaben, von dem Carla in ihrer Zeitschrift gelesen hatte. Wenig später ging Clara mit ihrer gesamten Klasse an Bord des Segelschiffs. Eine ganze Woche Segeltörn! Die Segel flatterten geräuschvoll im Wind und Carla hielt sich an der Reling fest. Sie war der glücklichste Mensch auf der ganzen Welt, denn so schön konnte selbst der schönste Tagtraum nicht sein.

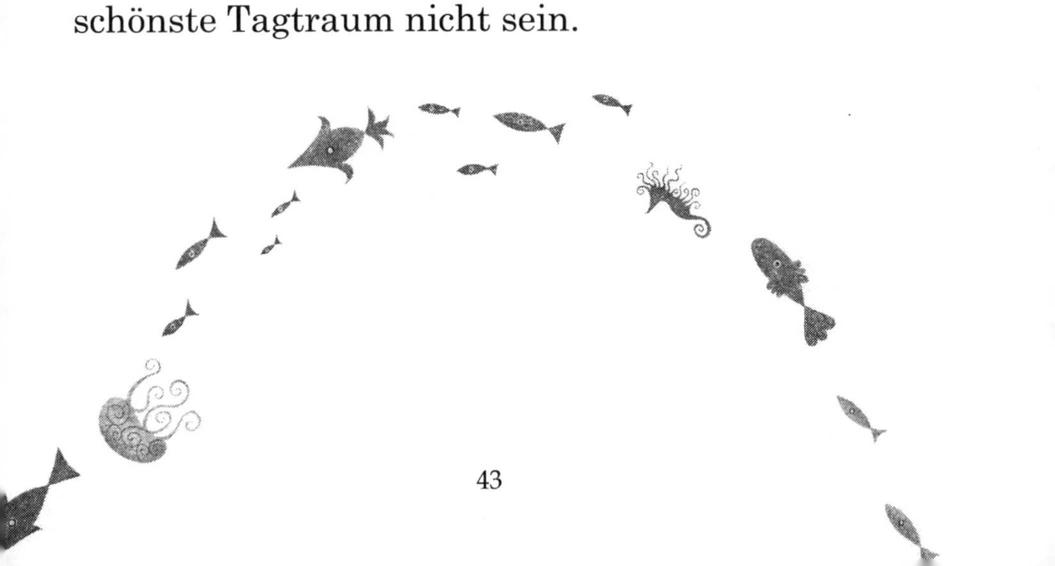

Schon gewusst?

KENNST DU PHYTOPLANKTON?

Phytoplankton besteht aus pflanzlichen Organismen im Meer und im Süßwasser. Es ist grün, denn es enthält Chlorophyll, und betreibt Photosynthese. Das bedeutet, es produziert Sauerstoff, und zwar mehr als die Hälfte des Sauerstoffs der Erdatmosphäre. Ohne Plankton hätten wir nur halb so viel Luft zum Atmen. Außerdem nimmt Plankton große Mengen des menschengemachten CO_2-Ausstoßes auf und vermindert so die Erderwärmung. Doch es ist seit Mitte des letzten Jahrhunderts um fast die Hälfte zurückgegangen.

Dieses Plankton muss ge-schützt werden.

Boote, die immer wieder Öl und Benzin verlieren, aber auch die Nanopartikel des UV-Filters in unserer Sonnencreme liegen wie ein Film auf dem Wasser und können das Wachstum von Plankton verhindern.

Der französische Friseur Thierry Gras hatte deswegen die Idee, mit Filtern aus Haaren das Meer zu säubern, denn Haare können Fett aufnehmen und sind mehrmals wiederverwendbar. Er gründete den Verein *Coiffeurs Justes*, um mit anderen Friseuren abgeschnittene Haare zu sammeln und sie gegen die Verschmutzung der Meere einzusetzen.

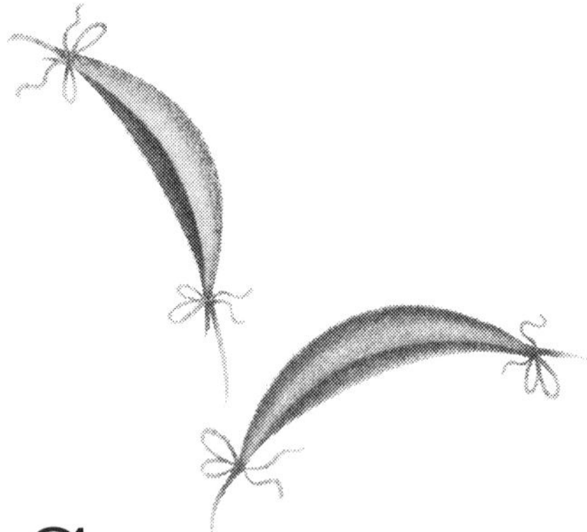

Superman

Leroy und sein bester Freund Bruno lungerten im Schatten auf dem Bolzplatz herum. Es war zu heiß, um Fußball zu spielen. Die sengende Sonne versprach kaum Abkühlung, auch für die kommenden Tage war viel Hitze angesagt.

Neidisch beobachteten die beiden die Familien, die mit ihren Schwimmtaschen, aufblasbaren Schwimmringen und Luftmatratzen an ihnen vorbei ins Freibad marschierten.

„Geld müssten wir haben“, sagte Leroy träge.

„Ja, und jede Menge Eintrittskarten fürs Freibad“, erwiderte Bruno.

„Und Eiscreme!“, rief Leroy.

„Und nicht zu vergessen: Pommes frites“, sagte Bruno.

„Das Leben ist einfach ungerecht.“

„Genau.“

Die beiden sahen sich einen Moment an, bevor ihre Blicke wieder in die Ferne schweiften. Sie hatten sich geschworen, nie wieder über die misslungene Hotdog-Aktion zu reden. Denn das war so gewesen: Vor ein paar Wochen hatten sie all ihr Erspartes und das gesamte Taschengeld für den Sommer zusammengelegt und sich einen gebrauchten Hotdog-Wagen zugelegt. Leider wurden sie übers Ohr gehauen. Der Grill funktionierte nicht, die Hotdogs blieben kalt und der Rost beschmutzte ihre Brötchen. Zudem war das Gefährt so groß und unhandlich, dass sie keine Unterstellmöglichkeit gefunden hatten und es schließlich schweren Herzens beim Schrottplatz abgeben mussten. Leroys Vater war mächtig wütend gewesen, weil die Jungs ihn nicht über den

Kauf informiert hatten. Er meinte, er hätte den Betrug sofort erkannt, was die beiden jedoch bezweifelten.

Bruno hatte seiner Mutter den Verlust des Taschengeldes bislang ganz verschwiegen. Vor einem Jahr war sein Vater ausgezogen. Er hatte jetzt eine neue Familie und deswegen wollte Bruno seiner Mutter keinen weiteren Kummer bereiten. Dabei war ihr Plan so gut gewesen. Sie wollten Hotdogs verkaufen, um sich Tickets fürs Freibad, Pommes frites und jede Menge Eiscreme besorgen zu können. Denn davon konnte man ja bekanntlich nie genug kriegen.

Hinter sich hörten sie einen Aufprall, gefolgt von einem Brüllen. Sie wandten sich um und sahen im Schatten eines Baumes eine leere Hängematte, die sachte hin- und herschaukelte. Auf der Erde lag ein junger Typ, der wild auf einen anderen einschimpfte, während er sich aufrappelte und den Schmutz von den Klamotten klopfte. „Du musst mich doch nicht gleich aus der Hängematte schubsen“, rief er empört.

Lachend hielt sich der andere den Bauch, sein Oberkörper war bis zum Hals mit Totenköpfen tätowiert. „Deine halbe Stunde ist jetzt aber rum“, dröhnte seine laute Stimme bis zu Leroy und Bruno auf den Fußballplatz herüber.

Der Rest des Gesprächs ging unter, als eine Horde Kinder lärmend an ihnen vorbei in Richtung Freibad strömte.

Bruno blickte ihnen neidisch hinterher.

„Hängematten!“, rief Leroy.

„Was?“, fragte Bruno lahm.

Leroy sah Bruno mit einem verschmitzten Lächeln an. „Es gibt einen Bedarf an Hängematten hier im Park.“

„Ja, und? Was soll ich mit der Information?“ Bruno verstand nur Bahnhof.

„Verstehst du denn nicht, Bruno? Das ist eine Geschäftsidee!“

„Ich verstehe gar nichts“, antwortete Bruno und verdrehte genervt die Augen. „Wie sollen wir denn an Hängematten rankommen?“

„Wir machen die selbst, Mensch!“

„Wie das denn? Hast du jemals in deinem Leben eine Hängematte gemacht? Wie geht das überhaupt?“

„Upcycling!“

„Upcycling? Wovon redest du denn da?“

„Aus alten Sachen werden neue! Das machen alle. Meine große Schwester ist mit nix anderem beschäftigt.“

„Aber Hängematten? Das ist doch verrückt!“

„Überhaupt nicht. Guck dir das Teil doch mal an. Ein bisschen Stoff, etwas Seil, das war's. Wir nähen davon ein paar Dinger und verkaufen die dann hier im Park. Schwups, haben wir das Geld für das Freibad zusammen plus super viel Eiscreme obendrauf.“

„Wir nähen? Nee, oder? Nähen ist doch was für Mädchen.“

Leroy brach in schallendes Gelächter aus. „Wer hat dir denn den Quatsch erzählt? Nähen können auch Männer.“

Bruno zuckte mit den Schultern. „Hab ich noch nie gesehen.“

„Los, komm“, sagte Leroy und stand auf. „Ich glaube, ich muss dir mal jemanden vorstellen.“

Bruno folgte Leroy zu den Fahrrädern, sie klemmten den Fußball unter den Gepäckträger und radelten los. Wenig später bremste Leroy scharf, dabei quietschten die Reifen an seinem Rad.

„Mensch, Leroy!“, meckerte Bruno. „Sag doch was, bevor du einfach abbremst, fast wäre ich dir hintendrauf gefahren.“

Doch Leroy lachte nur.

Vor einem Ladengeschäft schlossen die beiden ihre Fahrräder an einer Straßenlaterne an. Bruno blickte neugierig auf das Schild über dem großen Schaufenster, in das man nicht hineinschauen konnte, weil die Jalousien geschlossen waren.

SCHNEIDEREI ABBOU

„Ist der Laden überhaupt offen?“, fragte Bruno.

„Na klar. Komm!“

Leroy betrat als Erster den Laden, Bruno folgte ihm dicht hinterher und blickte sich dabei prüfend um. Als die Klingel über seinem Kopf ertönte, stolperte er vor Schreck. In dem Geschäft war es angenehm kühl und dunkel. Es dauerte einen Moment, bis sich die beiden an die Dunkelheit gewöhnt hatten. Dann erblickte Bruno die vielen Stoffe, in allerlei Farben und mit den verschiedenartigsten Mustern, die in den Regalen als Stoffballen lagerten oder in Rollen in den Ecken standen. Neben dem Eingang rauschte ein Ventilator und wehte Luft in den Raum.

Aus dem hinteren Zimmer betrat ein Mann im langen Gewand den Vorderraum, dabei klimperte der Glasperlenvorhang hell. Am Ladentisch blieb der Mann stehen, seine Augenbrauen hoben sich neugierig.

„Hallo!“, rief Leroy erfreut, dann wandte er sich an Bruno und sagte: „Das ist mein Onkel Issa. Er ist von Beruf Schneider und das hier ist seine Schneiderei.“

„Jungs, was macht ihr denn hier? Seid ihr bei der Hitze nicht im Freibad?“, sagte der Mann mit lauter, fröhlicher Stimme.

„Stören wir dich?“, fragte Leroy sanft. So hatte Bruno Leroy noch nie erlebt, normalerweise war Leroy nämlich laut und frech.

„Aber nein, ganz und gar nicht. Es ist eine schöne Abwechslung, dass ihr da seid. Möchtet ihr Tee trinken?“

„Ist das nicht zu heiß bei dem Wetter?“, fragte Bruno kaum hörbar.

Doch Onkel Issa hatte gute Ohren. „Ganz und gar nicht. Dort, wo ich herkomme, ist es immer heiß und wir trinken warmen Tee, um den Körper abzukühlen. Probier es aus!“

Bruno nickte schüchtern. Onkel Issa nahm eine geschwungene silberne Teekanne zur Hand und goss Tee in drei kleine Gläschen ein.

Leroy und Bruno schnappten sich jeder ein Glas und folgten Onkel Issa durch den Glasperlenvorhang in das hintere Zimmer. Bruno entdeckte sofort zwei Nähmaschinen und einen großen Tisch, auf dem ein ausgerollter Stoffballen mit einer riesigen Schere lag. An den Wänden hingen Teppiche und aus den Lautsprechern in der Ecke drang traurigschöne Musik in einer fremden Sprache, die er auch schon mal bei Leroy zu Hause gehört hatte.

Onkel Issa öffnete eine Hintertür und die drei setzten sich auf eine Holzbank in den schattigen Hinterhof.

„Los, Jungs, erzählt mal! Was treibt euch zu mir?“

„Na ja“, druckste Leroy herum, „du hattest recht, wir wären gerne im Schwimmbad, aber wir haben das ganze Geld aus dem Fenster geschmissen. Das sagt Papa jedenfalls."

Onkel Issa pfiff durch die Zähne und lachte dann schallend auf.

„Wir haben uns überlegt, ein paar Hängematten zu nähen, um sie im Park zu verkaufen", sagte Leroy. „Könntest du uns dabei helfen?"

„Das ist eine gute Idee. Habt ihr Stoff?"

„Was braucht man denn da für einen Stoff?", fragte Bruno zaghaft nach.

„Er sollte sich nicht dehnen. Baumwollstoffe eignen sich gut. Zum Beispiel alte Bettlaken oder Bettwäsche, die nicht mehr gebraucht werden."

Brunos Augen leuchteten auf. „Meine Mutter hat gerade die alte Bettwäsche aussortiert."

„Dann bringt sie her. Seile habe ich hier."

Begeistert fuhren die beiden Jungs zu Bruno nach Hause. Mit seiner Mutter und seiner kleinen Schwester wohnte Bruno am Ende einer Straße mit gleichaussehenden Reihenhäusern. Auf dem Schotterweg der Einfahrt machten die beiden mit ihren Rädern eine Vollbremsung. Grauer Staub wirbelte auf. Brunos Mutter kam aus dem Haus gelaufen.

„Jungs, könnt ihr nicht vernünftig bremsen?“

„Klar doch. Nächstes Mal“, meinte Bruno.

„Nächstes Mal, nächstes Mal.“ Seine Mutter schüttelte den Kopf, aber sie lächelte dabei und Bruno wusste, dass sie ihm nicht böse war. Das war sie eigentlich nie.

„Mama, wir brauchen unbedingt die Bettwäsche, die du im Flur liegen hattest.“

Brunos Mutter schüttelte bedauernd den Kopf. „Die habe ich vor zwei Wochen in die Altkleidersammlung gebracht.“

„Nein, das darf nicht wahr sein!“

Bruno stieg vom Rad und lief aufgebracht in der Auffahrt hin und her. Leroy hatte den Fußball vom Gepäckträger genommen und setzte sich darauf. Er senkte den Kopf, sodass seine Stirn seine Knie berührte, und rollte missmutig auf dem Ball hin und her.

„Aber Jungs, was ist denn mit euch los? Was seid ihr denn so traurig? Nur weil ich die alte Bettwäsche weggegeben habe?“

„Das war pures Gold“, murmelte Leroy in den Staub zu seinen Füßen.

„Gold, Gold“, rief Bruno theatralisch und schaute dabei nach oben in den Himmel.

Brunos Mutter runzelte verwirrt die Stirn und schüttelte dann den Kopf. „Ich bringe euch erst einmal eine Limonade. Vielleicht ist euch die Hitze zu Kopf gestiegen. Ihr benehmt euch ja, als hättet ihr einen Sonnenstich.“ Mit diesen Worten verschwand sie im Haus.

Leroy blickte die Straße hinunter. Dann rief er laut aus: „Ich hab's!“

Bruno sah ihn erwartungsvoll an. „Mach's nicht so spannend. Was ist denn der Plan?“

„Wir gehen von Haustür zu Haustür, klingeln und fragen nach aussortierter Bettwäsche.“ Leroy grinste breit.

„Nicht dein Ernst.“

„Und wie! Ich mach es dir vor. Guck nur zu.“

Leroy sprang von dem Fußball auf, klopfte sich den Staub von seinen Klamotten, spuckte in die Hände und strich sich das Haar ordentlich zurück. Bruno kicherte.

Als sie am späten Nachmittag am anderen Ende der Straße angelangt waren, war Bruno wie ein Packesel beladen mit Bettwäsche. Die

Ausbeute war ein rosafarbener Bettdeckenbezug, eine alte Kinderbettwäsche, bedruckt mit einem Superman-Motiv, eine mit bunten Blumen gemusterte und zwei weiße Bettwäschesets. Als sie zu Brunos Mutter zurückkehrten, standen zwei Gläser Limonade unberührt auf der Veranda. Die Eiswürfel waren zwar schon geschmolzen, doch die Limonade schmeckte himmlisch süß.

Am nächsten Morgen radelten die Jungs zu Onkel Issa, die Bettwäsche hatten sie unter ihre Gepäckträger geklemmt. Der Fußball hatte keinen Platz mehr gehabt und musste deshalb zu Hause bleiben. Bruno war aufgeregt: Wenn der Plan aufgehen würde, dann könnte er seiner Mutter auch endlich von der Pleite mit der Hotdog-Maschine erzählen. Er mochte es überhaupt nicht, Geheimnisse vor ihr zu haben.

Onkel Issa begutachtete die Stoffe und klatschte dann fröhlich in die Hände. „Perfekt. Und jetzt setzt sich jeder an eine Nähmaschine."

„Wir sollen selbst nähen?", rief Bruno verwirrt aus. „Das kann ich doch gar nicht."

„Schon mal in der Spielhalle Autorennen gespielt? Mit einem Gaspedal?"

Bruno und Leroy nickten.

„Statt mit Rennautos über den Bildschirm zu rasen, fahrt ihr mit dem Nähfuß den Stoff entlang. Dasselbe Prinzip, schaut auf eure Füße."

Unter den Tischen entdeckten die beiden die Pedale.

„Das ist ja abgefahren", sagte Leroy lachend.

Nach ein paar Probenähten, die super viel Spaß machten, durften die beiden die Stoffe zurechtschneiden. Und dann fuhren Leroy und Bruno mit ihren Nähfüßen um die Wette. Anfangs waren die Nähte noch krumm und schief, doch schon am Mittag hatten sie den Dreh raus. Sie wetteiferten, wer die geradeste Naht hinbekam.

Der Tag verging wie im Flug. Onkel Issa half ihnen mit den Seilen, die Schlaufen dafür konnten die Jungs mittlerweile problemlos allein festnähen.

Am frühen Abend betrachteten die beiden stolz ihr Werk. Onkel Issa hatte aus den Kopfkissenbezügen noch einfache Beutel genäht, in die sie nun die Hängematten stopften. Insgesamt fünf Stück waren es geworden.

Leroy und Bruno trafen sich am nächsten Morgen direkt im Park. Die Superman-Hängematte spannten sie zwischen zwei Bäumen und Leroy legte sich sofort hinein.

„Probeliegen!“, rief er fröhlich.

Bruno legte die restlichen Hängematten in ihren Tragebeuteln aus und drückte Leroy das Pappschild in die Hand: Hängematte 15 □.

Noch bevor es Mittag war, hatten sie die vier Hängematten verkauft. Bruno legte sich zu Leroy in die Hängematte und gemeinsam zählten sie das Geld: 60 □.

Da stand der Tätowierte mit den Totenköpfen plötzlich vor ihnen. „Habe gehört, hier gibt es Hängematten zu kaufen. Ist die Superman-Hängematte hier noch zu haben?“

Bruno sah Leroy fragend an, der schüttelte den Kopf. Und über den Rand gebeugt sagte Leroy augenzwinkernd: „Diese hier gehört uns.“ Dann legte er sich zurück, verschränkte die Arme hinter dem Kopf und fragte Bruno: „Hast du deine Badehose dabei?“

„Nö.“

„Ich auch nicht“, meinte Leroy und schmunzelte. „Lass uns den Nachmittag hier in der Hängematte verbringen. Wir haben genug Geld für den ganzen Sommer.“

„Plus die weltbeste Hängematte“, erwiderte Bruno.

Prustend vor Glück schaukelten die beiden darin hin und her.

Schon gewusst?

WAS BEDEUTET UPCYCLING?

Der englische Begriff *Upcycling* setzt sich aus zwei Wörtern zusammen, nämlich *up*, das „nach oben" bedeutet, und *recycling*, das so viel wie „Wiederverwertung" heißt. Beim Upcycling nimmt man Nutzloses und macht daraus etwas Neues. Statt es wegzuschmeißen, wird damit dessen Wert gesteigert. Alte Dinge wie Möbel, Klamotten oder Haushaltswaren werden beim Upcycling zu neuen Gebrauchsgegenständen gemacht. Du tust dabei etwas Gutes für die Umwelt, denn Ressourcen werden geschont und Müll kann vermieden werden. Außerdem fördert es deine Kreativität. Sicherlich hast du auch schon mal etwas upgecycelt, nämlich wenn du aus alten Eierkartons und Klopapierrollen etwas gebastelt hast.

Schau dich doch mal bei dir zu Hause um, was du noch wiederverwerten kannst. Viel Spaß beim Ideensammeln und Basteln!

Ganz normale Ferien

Durch das geöffnete Fenster klang das Zwitschern der Spatzen. Die Sonne schien ins Esszimmer. Es war Sonntag und nur wenige Wochen vor den großen Sommerferien.

An diesem Tag übernahm Paula das Kommando, sie war früh aufgewacht, obwohl sie eigentlich hätte ausschlafen können. Aber sie war zu aufgeregt, weil sie eine Ankündigung machen wollte. Den Tisch hatte sie liebevoll gedeckt und sogar Kaffee gekocht. Ihren kleinen Bruder Max hatte sie überreden können, zur Bäckerei zu gehen, um frische Brötchen zu kaufen. Ihre beiden Mütter freuten sich über die gelungene Überraschung.

Paula und Max lebten mit ihren zwei Müttern zusammen, einen Vater gab es bei ihnen zu Hause nicht. Sie nannten ihre eine Mutter Mamaru, denn sie hieß Ruth und war ein kleines bisschen strenger als ihre andere Mutter Mamali, die mit Vornamen Lisa hieß. Für Paula und Max war es nichts Ungewöhnliches, zwei Mütter zu haben, für sie war das ganz normal – bis Max im letzten Sommer eingeschult wurde. Er ging auf dieselbe Schule wie Paula, nämlich vier Klassen unter ihr. Bei Max gab es Zwillinge in der Klasse, die nicht aufhören wollten, ihn zu ärgern, weil er keinen Vater, sondern zwei Mütter hatte. Das fanden die Zwillinge nämlich nicht normal. Und so hatte es viele Gespräche zwischen allen Beteiligten gegeben, bis Max von den beiden nicht mehr geärgert wurde. Zur großen Überraschung aller waren die Zwillinge nach einiger Zeit sogar Max' beste Freunde geworden. Es verging kein Tag, an dem die drei nicht miteinander spielten. Die Zwillinge liebten Mamaru und Mamali und waren gerne bei Max zu Besuch.

Auch heute würde es nicht lange dauern, bis die Zwillinge wieder vor der Tür stünden. So lange wollte Paula den ruhigen Moment nutzen, um ihrer Familie von ihren Plänen für den Sommerurlaub zu erzählen.

Paula nahm ihren ganzen Mut zusammen. „Liebe Familie“, begann sie.

„Nanu, warum denn so feierlich?“, fragte Mamali lachend.

„Ich habe einen großen Wunsch. Ich möchte mit euch in diesen Sommerferien an die Ostsee fahren. Und zwar mit dem Fahrrad“, sprudelte es aus Paula heraus.

Mamali sah sie verwundert an. „Aber was ist denn mit unserem Plan, nach Griechenland zu fliegen? Hast du den etwa schon vergessen?“

„Nein, vergessen habe ich den nicht. Aber ich möchte nicht mehr mit dem Flugzeug fliegen.“

„Was für eine blöde Idee“, sagte Max. „Wozu sind Flugzeuge denn da, wenn man nicht mit ihnen fliegen soll?“

„Hat es denn einen bestimmten Grund, dass du nicht mehr fliegen möchtest?“, fragte Mamaru.

„Ich habe einen Film über die Erderwärmung gesehen, und deswegen möchte ich gerne eine umweltfreundliche Reise unternehmen. Das Fliegen ist nicht gut fürs Klima.“

„Aber Paula kann doch nicht einfach allein über unseren Sommerurlaub bestimmen“, rief Max bockig. „Alle Kinder in meiner Klasse fliegen in den Urlaub. Und was soll ich dann den anderen Kindern erzählen, wenn wir über unsere Ferien berichten? Ich möchte was Normales machen, wie alle anderen auch.“

Paula liebte ihren Bruder sehr, aber es nervte sie mächtig, dass er immer genau das machen wollte, was die anderen machten. Mamali sah Mamaru über den Tisch hinweg besorgt an.

Mamaru schlug vor: „Lasst uns alle gemeinsam noch einmal darüber nachdenken und heute Abend über die Sommerferien sprechen.“

Paula schnitt sich ihr Brötchen auf und bestrich es mit Erdbeermarmelade. Sie musste sich einen guten Plan ausdenken, das war klar. Wie konnte sie es schaffen, die Familie von ihrer Reise mit dem Fahrrad zu überzeugen? In der Schule übten sie gerade Vorträge und wie man sie am besten präsentierte. Das wollte sie nutzen. Nach dem Frühstück verschwand sie in ihrem Zimmer und setzte sich gewappnet mit Schere, Papier und Stiften an ihren Schreibtisch. Erst recherchierte sie im Internet und dann arbeitete sie den ganzen Tag lang an dem Plakat. Kurz vor dem Abendessen war es so weit.

Die Zwillinge, mit denen Max den Tag verbracht hatte, verabschiedeten sich gerade an der Tür, als Paula an ihnen vorbei ins Wohnzimmer lief. Sie hörte die Zwillinge fragen: „Wo macht ihr denn dieses Jahr Urlaub?"

Max antwortete: „Wir fliegen nach Griechenland, ist doch klar."

„Cool", meinten die Zwillinge und verabschiedeten sich.

Paula hielt ausnahmsweise ihre Klappe, sie wollte sich vor der Präsentation nicht noch mit ihrem Bruder streiten. Im Wohnzimmer breitete sie das Plakat aus. Sie hatte darauf untereinander ein Flugzeug, ein Auto, eine Bahn, einen Reisebus und ein Fahrrad gemalt. Und neben jedes der

Fahrzeuge einen roten Balken und Bäume. Bei dem Flugzeug war der Balken am längsten, zum Glück hatten die vielen Bäume noch daneben gepasst. Nur bei dem Fahrrad war weder ein Balken noch ein Baum zu sehen. Erstaunt betrachteten Mamaru und Mamali das bunte Plakat.

„Ich habe ausgerechnet, wie viel Kohlendioxid bei einer Flugreise mit vier Personen nach Griechenland ausgestoßen wird. Je länger der Balken, umso mehr Kohlendioxid wird ausgestoßen, ganz einfach“, erklärte Paula ihren Müttern. Max hatte sich derweil in die hinterste Ecke des Wohnzimmers verzogen, wo er ein schlecht gelauntes Gesicht machte. „Und die Anzahl der Bäume bedeutet, wie viele Bäume nötig sind, um diese Menge Kohlendioxid wieder zu binden. Diese Bäume“, sagte Paula und zeigte auf den kleinen Wald neben dem Flugzeug, „sind nötig, damit der Planet nicht durch den Treibhauseffekt erwärmt wird. Sie brauchen ein ganzes Jahr dafür, dieses Kohlendioxid wieder zu binden, was unsere Flugreise produziert hat.“

„Mensch, das sind aber viele Bäume“, sagte Mamaru und kräuselte kritisch die Stirn. Das tat

sie immer, wenn sie nachdachte und wenn sie annahm, dass etwas nicht stimmen konnte.

Paula zeigte auf das Fahrrad, neben dem weder ein roter Balken noch ein Baum gemalt war. „Und wenn wir das Rad nehmen, fahren wir klimaneutral.“

„Das muss ich recherchieren“, sagte Mamaru, bevor sie sich umdrehte und in ihrem Arbeitszimmer verschwand.

Auch Mamali schüttelte entsetzt den Kopf. „Das habe ich noch gar nicht gewusst.“

Max hielt ausnahmsweise mal den Mund, was aber weder an dem Plakat noch an Paulas Erklärung lag. Er spielte lediglich mit seiner Springmaus Carlo in seiner Hand und war zu sehr damit beschäftigt, sie vom Weglaufen abzuhalten. Carlo durfte nämlich nicht im Wohnzimmer herumflitzen, weil Mamaru eine ausgeprägte Abneigung gegenüber Mäusen hatte.

Als Mamaru einen Augenblick später wieder aus ihrem Zimmer kam, huschte Max schnell zurück in sein Zimmer, damit Carlo es nicht doch noch schaffte auszubüxen. Max bekam deswegen nicht mit, wie Mamaru verkündete: „Paula, dein

Plan ist angenommen. Wir schonen in diesem Sommer die Umwelt und stürzen uns mit euch ins Abenteuer Fahrradtour."

„Lieber nicht stürzen," lachte Mamali.

Paula war überglücklich, ihr Plan war also aufgegangen. Als Max davon Wind bekam, war er weniger erfreut und fest davon überzeugt, dass Paula die Eltern ausgetrickst hatte. Bis zu den Sommerferien sprach er kaum ein Wort mit ihr.

Endlich war es so weit. Der Tag vor der Abreise war gekommen. Carlo hatten sie beim Nachbarn untergebracht. Die ganze Wohnung lag voller Kram und Klamotten. Und die Stimmung von Mamaru und Mamali war angespannt. Es hatte seit Tagen geregnet und auch die Wetterapp zeigte für die kommenden Tage nur Regenwolken an. Paula war sich inzwischen nicht mehr so sicher, dass die Fahrradtour wirklich eine so gute Idee war.

Sie fühlte sich verantwortlich und hatte große Angst, dass die schönen Sommerferien buchstäblich ins Wasser fallen würden.

Sie hatte ihre beiden Fahrradtaschen fertig gepackt und ließ sich erschöpft rückwärts auf das Bett fallen. Da hörte sie aus dem Nebenzimmer ein rhythmisches Bummern. Was war das denn? Sie stand auf und ging nachschauen.

Die Zimmertür von Max war nur angelehnt, durch den Spalt sah sie ihren Bruder seinen Fußball gegen die Wand kicken. Oje, wenn das Mamaru sah. Ihre Eltern waren wegen des Packens und der Organisation der Radtour jetzt schon gereizt. Paula steckte ihren Kopf in das Zimmer ihres Bruders. „Bruderherz, alles okay?"

„Ich bin nicht Bruderherz, sondern Max," maulte Max schmollend, bevor er sich auf sein Bett schmiss und das Gesicht in die Kissen vergrub. „Können wir nicht mal eine ganz normale Familie sein?"

Paula wusste nicht, was sie darauf sagen sollte, für sie war alles normal, so wie es war. Dann entdeckte sie Max' offene Fahrradtasche.

„Passt der Fußball etwa nicht in die Tasche?" Paula wusste, wie sehr Max an seinem Fußball hing. „Soll ich ihn einpacken?"

„Mir egal", brummte Max.

Draußen grollte ein heftiges Donnern. Auch das noch! Der Regen prasselte mit dicken Tropfen gegen die Fensterscheibe und der Himmel verdunkelte sich zunehmend. Paulas schlechtes Gewissen bedrückte sie sehr. Bestimmt würde der Urlaub eine Katastrophe werden. Dabei hatte sie es doch nur gut gemeint.

Mit dem Ball unter dem Arm geklemmt, lief sie in ihr Zimmer zurück und betrachtete ihr Gepäck. Wo sollte sie diesen Fußball noch unterkriegen? Sie öffnete die Fahrradtaschen und nahm ihr Lieblingsschmusekissen heraus. Aber der Platz reichte noch immer nicht aus, sodass sie schweren Herzens auch noch ihren Kuschelhasen aus der Tasche nahm. Ohne ihn hatte sie bisher keine einzige Nacht verbracht. Aber ihr blieb nichts anderes übrig, sonst würde Max' Fußball nicht hineinpassen.

Dann ging sie ins Wohnzimmer, wo Mamaru sie besorgt ansah. „Ist alles in Ordnung mit dir? Du siehst ja aus wie ein Schluck Wasser."

Paula deutete hinaus und sagte halb verzweifelt: „Das Wetter! Es wird sicherlich furchtbar werden und alles ist meine schuld." Sie bemerkte die Blicke, die sich ihre Mütter zuwarfen, doch dann lachte Mamaru.

„Komm her, Kleines, die Reise wird etwas Besonderes werden. Du hattest eine gute Idee! Geh jetzt schlafen, damit du morgen ausgeruht bist. Das schlechte Wetter wird sicherlich wegziehen. Und wenn nicht, haben wir ja unsere Regenmontur.“

Mamaru nahm Paula in den Arm, doch die konnte nur noch an den Sonnenschein und die Hitze in Griechenland denken.

Am nächsten Morgen strahlte der Himmel blau. Zum Glück, dachte Paula, wenigstens kein Regen. Wenig später waren alle vier auf der Straße vor dem Wohnhaus. Ihre Mütter bepackten gleichmäßig die Fahrräder.

„Auf geht’s!“, rief Mamali vor ihnen. Und dann radelte sie los. Paula folgte auf ihrem neuen Mountainbike, das sie extra für die Reise geschenkt bekommen hatte. Auch Max hatte ein nagelneues Rad, weil sein altes zu klein für ihn geworden war. Sobald sie aus der Stadt raus waren, atmeten sie die frische Luft ein, die der Regen gesäubert hatte. Max überholte Paula, ohne einen Kommentar von sich zu geben. Und die wiederum hoffte, dass sie sich bald wieder mit ihrem Bruder vertragen würde, denn so langsam vermisste sie sein Gemeckere. Sie fuhren über einsame Landstraßen und verlassene Waldwege und übernachteten auf Campingplätzen. Nachts hörten sie das Quaken der Frösche. Sobald sie in ihre Schlafsäcke geschlüpft waren, schliefen sie sofort ein. Die Landluft und das Fahrradfahren machten alle müde.

Auf der letzten Strecke vor dem Meer machten sie am Nachmittag noch ein langes Picknick am See. Sie sprangen ins kühle Wasser, schwammen und spritzten sich gegenseitig nass. Die Sonne schien und der blaue Himmel strahlte, sodass sie darüber die Zeit vergaßen. Viel zu spät setzten sie ihren Weg fort. Mamali machte sich Sorgen, weil es schon dämmerte und die Nacht bald hereinbrechen würde. Sie waren noch ein paar Kilometer von ihrer Pension am Meer entfernt. Als die Sonne langsam untergegangen war, hielten die vier an, um ihre Fahrradlampen anzuschalten. Mamaru kramte aus ihrem Rucksack zusätzlich für alle noch Stirnlampen hervor. Die kreisenden Taschenlampen beleuchteten den dunklen Waldweg. Ein Uhu schrie, als Mamali dicht vor ihnen anhielt. Die Vorderlichter ihrer Räder gingen aus.

Mamali drehte sich zu ihnen um und bedeutete ihnen, sich still zu verhalten, dann tippte sie mit dem Finger an ihre Stirn. Paula verstand sofort und schaltete ihre Stirnlampe aus. Als sie sich zu Max umdrehte, sah sie, dass auch er Mamali verstanden hatte. Und dann folgten sie dem Blick von Mamali.

Zuerst sah Paula nur einen Schatten auf der Lichtung, doch nur einen Augenblick später hatten sich ihre Augen an die Dunkelheit gewöhnt. Der Schatten nahm Konturen an. Immer deutlicher erkannte sie das große herrschaftliche Tier: einen Hirsch in freier Natur!

Gebeugt stand er in etwa hundert Schritt Entfernung, und als hätte er ihre Blicke gespürt, richtete er sich auf und schaute in ihre Richtung. Anmutig leuchtete sein Geweih im Mondschein. Paula hatte nie zuvor so etwas Wunderschönes erlebt. Es schien, als würde die Zeit stehen bleiben. Gebannt starrten die vier auf die Lichtung. Wie ein Zeichen des Erkennens nickte der Hirsch ihnen zu, dann trabte er stolz davon.

Auf dem restlichen Weg bis zur Pension sprach niemand mehr ein Wort. Am nächsten Morgen wurde Paula durch das Kreischen der Möwen geweckt. Sie blinzelte durch das Zimmer, mit Max hatte sie auf einer ausgezogenen Schlafcouch geschlafen. Ihre Mütter schliefen auf dem großen Bett neben ihnen. Max öffnete die Augen und sah sie schweigend an. Beinahe so, wie der Hirsch es die Nacht zuvor getan hatte.

Als sie etwas später auf der belebten Promenade zum Strand liefen, hatte Max noch immer nichts gesagt. Es war ein Fehler gewesen, dachte Paula. Ich hätte nicht erzwingen dürfen, dass wir diese Radtour machen. Auf dem Weg zum Strand starrte sie die ganze Zeit nach unten auf ihre Flip-Flops. Dort angekommen, zogen sie alle erst einmal ihre Badelatschen aus. Die Möwen flogen dicht über ihren Köpfen. Max war vorgerannt, dann blieb er stehen und drehte sich überschwänglich im Kreis. Er streckte die Arme in Richtung Himmel und schrie: „Paula, das war die weltbeste Idee. Du bist die beste Schwester.“

„Aber du hast doch die ganze Fahrt nicht mit mir geredet“, sagte Paula erstaunt. „Ich dachte, du wärest immer noch sauer auf mich.“

„Quatsch mit Soße“, rief Max ausgelassen. „Es gab doch so viel zu sehen. Und dann noch der Hirsch, den werde ich mein Leben lang nicht vergessen. Was für ein Abenteuer! Es war so wunderschön. Wenn ich das den Zwillingen erzähle, werden sie vor Neid platzen. Das sind die besten Ferien, die ich mir vorstellen kann. Und das Allerbeste ist, dass unser Urlaub gerade erst angefangen hat.“

Dann stürzte er auf Paula zu und umarmte sie.

Paula sah ihre Eltern verwundert an. Auch sie nickten zustimmend. Und dann lachten alle vier.

Schon gewusst?

WIEVIEL CO2 PRODUZIEREN VERKEHRSMITTEL?

Urlaubsreisen belasten das Klima durch Abgase wie CO_2, auch Kohlenstoffdioxid genannt. Dieses CO_2 ist der Hauptverursacher der globalen Erderwärmung. Hast du dir schon mal Gedanken darüber gemacht, wie viel Kohlenstoffdioxid ein motorisiertes Verkehrsmittel freisetzt? Zwei Faktoren beeinflussen den CO_2-Ausstoß: die Entfernung des Reiseziels und die Wahl des Verkehrsmittels. Das Flugzeug ist das klimaschädlichste Verkehrsmittel. Laut Umweltbundesamt stößt ein Flugzeug im Durchschnitt 214 Gramm Treibhausgase pro Reisenden und Kilometer aus, ein Pkw liegt bei 154 Gramm, die Bahn und der Reisebus liegen bei jeweils 29 Gramm. Das Fahrrad ist am umweltfreundlichsten, hier liegt die CO_2-Emission bei null.

Im Internet findest du jede Menge CO_2-Rechner und auch Anregungen, wie man den CO_2-Ausstoß verringern kann. Schau dich doch einfach mal um.

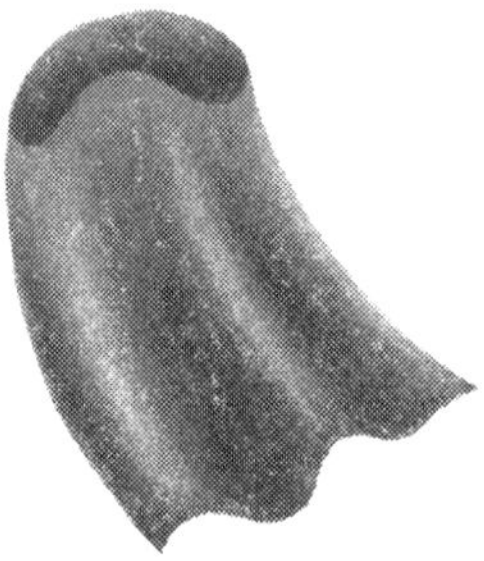

Applaus, Applaus

Der Baum stand schwankend im grellen Scheinwerferlicht. Pippins Herz klopfte wild und seine Knie wackelten. Mit Mühe hielt er sich aufrecht, denn er war so aufgeregt, dass ihm übel war. Das Kostüm wurde immer enger und seine Arme, die die Äste bildeten, wurden immer schwerer. Obwohl Pippin durch den Schlitz in seiner Maske kaum etwas sehen konnte, spürte er die Blicke der Zuschauer, die auf ihn gerichtet waren.

Der Baum torkelte langsam von links nach rechts über die Bühne, er kam in der Mitte kurz zum Stehen und torkelte dann weiter, bis er endlich an der Hütte angekommen war, an die er sich lehnte. Das Publikum lachte. Die finale Szene war gekommen: Die Prinzessin lief in ihrem wunderschönen Kostüm auf den Prinzen zu und umarmte ihn. Ein Raunen ging durch die Zuschauerreihen, dann fiel der Vorhang. Der Baum sank auf die Knie. Doch dann lüftete sich der Vorhang wieder und das Publikum klatschte. Der Baum fiel rückwärts zu Boden und rief erneut ein lautes Gelächter hervor. Die Prinzessin und der Prinz verbeugten sich Hand in Hand, und nach und nach huschten auch alle anderen Mitwirkenden des Stücks auf die Bühne und nahmen den schallenden Applaus in Empfang. Pippin blieb jedoch einfach auf der Bühne liegen. Der Vorhang fiel ein letztes Mal.

„Pippin, alles in Ordnung mit dir?“, fragte Lea, die Prinzessin, und beugte sich über ihn. Sie sah ihn stirnrunzelnd an.

„Dieser enge Anzug bringt mich noch um.“

„Hast du das mit Absicht gemacht?“, schimpfte Karl, der mit wehendem Umhang auf den Baum zumarschiert kam. „Die Leute haben nur auf dich geguckt, der Baum darf sich doch nicht bewegen. Diese ganze Aufmerksamkeit hat der Baum gar nicht verdient. Der Baum gehört einfach nur zum Bühnenbild!“

Im leuchtend gelben Kostüm tauchte nun auch Claartje, die Sonne, auf. Sie reichte Pippin ihre Hand und versuchte, ihm beim Aufstehen zu helfen, doch Pippins Anzug, von dem in alle Richtungen Äste abstanden, erschwerte den Versuch. Endlich, mithilfe des vorderen Teils des Pferdes, schafften sie es. Pippin schüttelte seine Zweige. „Ich habe das nicht mit Absicht getan. Mir war nur plötzlich so schwindelig.“

„Warum sollte denn der Baum keine Aufmerksamkeit verdienen?“, rief Claartje erbost und stampfte mit dem Fuß auf. „Ohne den Baum hättet ihr nicht mal Luft zum Atmen.“

Und im Hintergrund riefen das Vorder- und das Hinterteil des Pferdes: „Photosynthese! Photosynthese!“

„Aber wir sind hier nicht im Biologieunterricht“, rief Karl. „Ich spiele hier die Hauptrolle. Ich bin der Prinz.“

„Na ja“, sagte Lea eingeschnappt. „Die Prinzessin spielt ja wohl auch die Hauptrolle.“

„Ich habe aber eine größere Sprechrolle“, sagte Karl, dessen Krone vor lauter Aufregung nun schief auf seinem Kopf saß.

Da erschien der Theaterlehrer auf der Bühne. „Das habt ihr alle großartig gemacht. Und ich meine wirklich alle!“ Er reichte Pippin ein großes Glas Wasser. „Hier, trink ein wenig, danach wird es dir besser gehen.“

„Es tut mir leid“, sagte Pippin und zuckte mit den Schultern.

„Gar nichts muss dir leidtun“, sagte Claartje und hakte sich bei Pippin unter. „Die verstehen nichts und nehmen sich viel zu wichtig.“

Die beiden verschwanden von der Bühne. Pippin verabschiedete sich noch schnell von den anderen Kindern und wurde von seinen Eltern freudestrahlend in Empfang genommen.

Auf der Heimfahrt saß Pippin auf dem Rücksitz im Auto seiner Eltern. Sein Vater fuhr und schwelgte in Begeisterung über die gelungene Aufführung. „Und wie du das Publikum zum Lachen gebracht hast. Es war wirklich urkomisch, wie der

Baum am Schluss auf dem Rücken gelegen hat“, sagte sein Vater stolz. „Ich finde es bewundernswert, dass du Eigenregie geführt hast und dich nicht mit der kleinen Rolle als Baum im Hintergrund zufriedengegeben hast.“

Pippin nickte in den Rückspiegel, durch den sein Vater ihn anblickte. Er traute sich nicht, ihm zu sagen, dass er das gar nicht mit Absicht gemacht hatte. Das doofe Lampenfieber war schuld gewesen. Pippin hatte gedacht, es würde sich legen, aber es war immer schlimmer geworden. Er stand einfach nicht gerne im Mittelpunkt.

Unglücklich ging Pippin an diesem Abend zu Bett. Er wusste, dass er nicht für die Bühne geboren war. Aus ihm würde nicht der Star der Theater-AG werden. Während Karl, Lea und Claartje sich auf der Bühne wohlfühlten, musste er akzeptieren, dass ihm das nicht lag.

In der nächsten Woche ging Pippin zu seinem Theaterlehrer und erklärte ihm, dass er nicht mehr mitspielen wolle. Der Lehrer versuchte gar nicht erst, ihn zum Weitermachen zu überreden. Wahrscheinlich hatte Pippin den schlechtesten Baum aller Zeiten abgegeben. Pippin gab das

Baumkostüm zurück und Karl, der Prinz, freute sich, dass der Baum nun endlich keine Konkurrenz mehr darstellen würde.

Doch Pippin verheimlichte seinem Vater den Austritt aus der Theatergruppe. Zu seiner eigenen Schulzeit war Pippins Vater selbst in der Theater-AG gewesen. Er hatte stets alle Hauptrollen ergattert, worüber er heute immer noch voller Stolz sprach. Er wollte unbedingt, dass Pippin dasselbe Glück auf der Theaterbühne spürte, wie er es damals erlebt hatte. Pippin glaubte, dass sein Vater furchtbar enttäuscht von ihm wäre, wenn er erfuhr, dass Pippin alles hingeschmissen hatte.

An diesem Dienstag blieb Pippin deswegen lange in der Schule. Die Proben der Theater-AG gingen bis in den späten Nachmittag hinein. Er setzte sich in den langen Gang bei den Schließfächern und machte seine Hausaufgaben. Nachdem fast alle Schulkinder gegangen waren, zogen nur noch die Reinigungskräfte durch die Klassenräume und die Flure. Pippin nahm seinen Schulranzen und ging auf den Hof, dort trödelte er über dem Geländer und hoffte, dass die Theater-AG bald zu

Ende sein würde, um endlich nach Hause gehen zu können.

Da kam Ilse Jansen, die Mutter von Claartje, über den Pausenhof gelaufen. Sie trug einen wallenden Rock und hatte eine große Gießkanne in jeder Hand. Ihre Holzclogs klackten bei jedem Schritt auf den Steinen.

„Pippin, der Baum“, sagte sie erfreut, als sie ihn erreicht hatte.

„Ich spiele nicht mehr mit“, sagte Pippin.

„Der Baum hat zu viel Aufmerksamkeit bekommen, habe ich von Claartje gehört“, sagte Ilse.

„Ja. Und jetzt möchte ich nicht mehr mitmachen. Mir liegt das nicht.“

„Weißt du, Pippin, den Bäumen und den Pflanzen wird nicht nur von deinen Theaterfreunden zu wenig Aufmerksamkeit geschenkt. Wusstest du, dass sich Bäume untereinander Duftbotschaften senden, aber auch über ihre Wurzeln miteinander unterhalten können?“

„Echt? Das wusste ich noch nicht.“

„Magst du mir hier im Garten helfen? Dann schnapp dir eine Gießkanne. Möchtest du vielleicht einen Apfelbaum pflanzen? Danach können wir neue Pflanzen säen. Es gibt viel zu tun."

Pippin sah sich auf dem Schulhof um: Der Hof war groß, doch die Beete waren komplett zertrampelt und überall lagen Plastikverpackungen in den Büschen. Niemand hatte sich in den letzten Jahren darum gekümmert.

Nachdem Pippin den Apfelbaum, den Ilse tags zuvor in einem Topf mitgebracht hatte, zusammen mit ihr gepflanzt hatte, sammelte er den Müll vom Boden auf. So half Pippin Ilse von nun an jeden Dienstagnachmittag auf dem Pausenhof der Schule, während die Theater-AG in der Turnhalle probte. Begeistert lernte Pippin von Claartjes Mutter, wie man von verblühten Pflanzen neue Samen sammelte, die man wieder aussäen konnte. Sie bauten gemeinsam eine Kräuterspirale, in die sie duftende Blumen für Insekten pflanzten. Es dauerte nicht lange, bis es überall brummte und summte. Den Platz neben der Turnhalle bestreuten sie mit Mohnsamen. Und langsam wuchs auch der Apfelbaum.

Der Sommer wechselte in den Herbst. Und der Herbst wechselte in den Winter. In der kalten

Jahreszeit zeigte ihm Claartjes Mutter, welche Kräuter winterfest waren und dass man Thymian auch dann noch ernten konnte, um einen Tee daraus zu machen. Als Pippins Mutter einen starken Husten bekam, brachte er den Thymian mit nach Hause und machte ihr einen starken Kräutertee, der im Nu wirkte.

So groß die Freude über sein neu erworbenes Wissen war, so groß war auch Pippins schlechtes Gewissen, weil er seinen Eltern immer noch nicht von seinem Austritt aus der Theater-AG erzählt hatte.

Bald war das nächste Frühjahr gekommen und die Wände der Schule waren über und über mit den Plakaten für die nächste Theatervorstellung behangen. Pippin wusste, dass es Zeit wurde, seinem Vater endlich die Wahrheit zu sagen. Doch als sein Vater zu Hause stolz verkündete, dass er die letzten zwei Theaterkarten ergattert hatte, und Pippin rügte, dass er nichts von der

Aufführung erzählt hatte, schwieg Pippin weiter. Nachts konnte er deshalb kaum noch schlafen.

Dann wurde es Sommer und der große Tag der Theateraufführung war gekommen. Am Frühstückstisch nahm Pippin seinen ganzen Mut zusammen, um seinen Eltern endlich die Wahrheit zu sagen, als das Handy klingelte. Mit dem Handy am Ohr verließ sein Vater die Wohnung und Pippin blieb wortlos zurück.

Nach der Schule drückte sich Pippin furchtbar aufgeregt auf dem Schulgelände herum und wartete auf die Ankunft seiner Eltern. Ihm rutschte das Herz in die Hose, als er sie festlich gekleidet den Weg zur Turnhalle beschreiten sah. Der Abend würde in einer Katastrophe enden.

„Da hat sich die Schule aber wirklich Mühe gegeben, den Schulhof zu verschönern", hörte Pippin seinen Vater zu seiner Mutter sagen. „Der Anblick war im letzten Jahr doch wirklich trostlos."

Seine Mutter hielt sich vor Staunen die Hand vor den Mund. „Wie umwerfend schön das alles aussieht! Diese leuchtenden roten Mohnblumen am Eingang der Turnhalle. Wenn ich doch auch nur so etwas Tolles hinbekommen könnte.“

Auch die anderen Eltern sahen sich entzückt um und fingen an zu tuscheln. Da entdeckte Pippin Ilse, die in ihrem wallenden Rock über den Schulhof ging. Sie steuerte direkt auf Pippins Eltern zu. Pippin versteckte sich ängstlich um die Ecke der Turnhalle. Das konnte nicht gut gehen.

„Wissen Sie denn auch, wer dafür verantwortlich ist? Es war nicht die Schule, die sich um den Hof gekümmert hat, es war ein einziger Schüler. Sein Name ist Pippin. Aber wo ist er denn? Pippin?“, rief sie laut.

„Pippin? Sie meinen nicht zufällig unseren Pippin?“, fragte Pippins Vater erstaunt. „Wann hätte er denn die Zeit dafür gehabt? Nein, das kann nicht sein.“

Pippin kam langsam aus seinem Versteck hervor. Mit gesenktem Kopf lief er auf seine Eltern zu.

„Da ist er ja, Pippin, der Junge mit dem grünen Daumen!“, sagte Ilse hocherfreut.

In diesem Moment rannte ein Baum an ihnen vorbei. „Aus dem Weg, Leute“, schrie er laut. „Mein Auftritt, ich darf meinen Auftritt nicht verpassen. Ich bin der Baum!“

Pippin und seine Eltern sprangen zur Seite.

„Es tut mir leid, dass ich euch nicht gesagt habe, dass ich nicht mehr in der Theater-AG mitmache,“ sagte Pippin zerknirscht mit hochrotem Kopf.

Pippins Vater legte seine Hand auf Pippins Schulter. „Das glaube ich dir. Aber du kannst wirklich stolz darauf sein, was du hier Wunderbares erschaffen hast.“

Das musste auch Pippins Mutter zugeben, die sich an den Mohnblumen gar nicht sattsehen konnte.

Ilse deutete auf den Apfelbaum. „Sehen Sie den Baum dort drüben? Den hat Pippin letztes Jahr erst gepflanzt, aber er trägt schon seine ersten Früchte. Nun entschuldigen Sie mich aber, ich muss in die Turnhalle, mein Sonnenschein steht bestimmt schon auf der Bühne.“

Während Claartjes Mutter in der Turnhalle verschwand, pflückte Pippin geschwind drei Äpfel von dem kleinen Baum und reichte seinen Eltern zwei davon. Herzhaft bissen sie in die süßen Früchte hinein. Und ja, sie schmeckten wirklich wunderbar!

Schon gewusst?

WARUM SIND BÄUME SO WICHTIG?

Bäume stellen Sauerstoff her und geben diesen an die Luft ab. Menschen und Tiere brauchen den Sauerstoff zum Atmen. Ohne ihn wäre kein Leben für uns auf der Erde möglich. Dieser wichtige Prozess heißt Photosynthese. Die Energie, die die Pflanzen dafür benötigen, liefert das Sonnenlicht. Gleichzeitig verarbeiten die Bäume dabei das von den Menschen ausgestoßene Kohlendioxid und halten auf diese Weise die Luft sauber. Zu viel Kohlendioxid in der Atmosphäre ist schädlich und erwärmt unseren Planeten.

Maja und die Bienen

Maja hatte Wut im Bauch. Sie hastete den Schulweg allein nach Hause. Violetta aus der 5b war hinter ihr hergelaufen und hatte gerufen, dass sie mit ihren kurzen Haaren wie ein Junge aussehe. Das hatte Maja sehr geärgert. Normalerweise war sie sonst mit ihrer besten Freundin Selma unterwegs. Selma war einen Kopf größer als sie und alle dachten deswegen, dass sie auch älter sei. Mit Selma zusammen wurde sie nie geärgert. Doch Selma war krank und heute nicht in die Schule gekommen. Maja rannte nach Hause, ohne nach links und rechts zu schauen, sie wollte sich nur noch in ihr Kinderzimmer verkrümeln. Heute war wirklich ein doofer Tag. Am Morgen war sie noch stolz zur Schule gegangen. Sie mochte ihre neue Kurzhaarfrisur sehr gern. Das Beste daran war, dass sie die Haare nicht mehr ständig bürsten musste. Nie wieder Knoten, nie wieder Ziepen. Und jetzt hatte Violetta sie wegen der neuen Frisur geärgert. Sie fand das alles furchtbar ungerecht.

Zu Hause angekommen, nahm sie den Haustürschlüssel ab, den sie an einem Band um den Hals hängen hatte. Sie wollte ihn gerade in das Schloss stecken, da glitt ihr der Schlüssel aus der Hand und landete klirrend auf dem Boden.

„Mist“, sagte sie und bückte sich, um ihn aufzuheben. Dabei entdeckte sie auf der Betonsteinplatte ein Insekt. Sie betrachtete es näher. Es war eine Biene, die hilflos auf dem Rücken lag. Die Flügelchen schimmerten wie Transparentpapier und der Oberkörper war ganz flauschig. Darunter wackelte der dicke, braunschwarz gestreifte Hinterleib ziemlich schwach.

Puh, sie lebt noch, dachte Maja erleichtert. Aber wie sollte sie der Biene helfen? Sie musste sehr vorsichtig sein, damit sie die Biene nicht in Angst versetzte, denn dann würde sie zustechen. Bienen waren keine bösen Tiere, sie verteidigten sich nur im Notfall, denn sobald sie ihren Stachel zur Verteidigung benutzen, muss die Biene sterben. Maja fand das schrecklich traurig und wollte der Biene gern helfen.

Sie sah sich um. Ein paar Schritte entfernt entdeckte sie eine achtlos weggeworfene Pommesschale. Normalerweise ärgerte sie sich über den Müll, den die Leute einfach auf die Straße warfen, aber heute war das ihre Rettung. Sie schnappte sich die Pappe und schob vorsichtig die Biene darauf. Wie eine zu groß geratene Krankenliege, dachte Maja.

Weil sie Angst hatte, die Schale beim Öffnen der Tür fallen zu lassen, klingelte sie. Mit dem Fahrstuhl fuhr sie in den vierten Stock. Ihre Mutter stand schon in der geöffneten Haustür, als Maja auf der Etage ankam.

„Hallo, Maja, warum hast du denn geklingelt? Du hast doch einen Schlüssel.“

„Ach, Mama, schau nur.“ Maja hielt ihrer Mutter die Pappschale entgegen, auf der die kleine Biene lag.

„Wo hast du sie denn gefunden?“, fragte ihre Mutter.

„Direkt vor unserem Haus auf den Steinen.“

„Vielleicht ist sie nur zu schwach, um weiterzufliegen. Komm, lass uns auf den Balkon gehen und ihr etwas zu trinken geben.“

Maja folgte ihrer Mutter.

„Setze sie vorsichtig hier ab“, sagte ihre Mutter, als sie draußen standen. Sie nahm einen kleinen Unterteller, griff nach den selbstbemalten Steinen und verteilte sie auf dem Unterteller. Dann goss sie mit der Gießkanne Wasser darüber.

„Was machst du da?“, fragte Maja neugierig.

„Das wird eine Insektentränke. Die Steine sind dazu da, dass die Insekten beim Trinken nicht ins Wasser fallen. Passiert das doch einmal, können die Tiere darauf krabbeln und ertrinken nicht.“

Vorsichtig setzte Maja die Biene auf einen Stein und achtete darauf, dass sie nicht ins Wasser fiel. Dann musste sie an ihre Freundin Selma denken. Die war sonst immer so stark, lag aber heute wahrscheinlich genauso schwach wie die Biene in ihrem Bett. Wortlos starrte sie auf den Blumenkasten.

„Ich habe das Essen fertig, kommst du?“, fragte ihre Mutter und holte sie aus ihren Gedanken.

Gemeinsam gingen sie in die Küche.

„Warum lag die Biene eigentlich direkt vor unserem Haus?“, fragte Maja.

Ihre Mutter zuckte mit den Schultern. „Hier in der Stadt gibt es nicht sehr viele Blumen und die Wildbienen müssen oft weite Strecken fliegen. Moment, da fällt mir was ein.“ Ihre Mutter schüttelte eine kleine Tüte, die sie aus der Küchenschublade genommen hatte. „Schau mal, was letzte Woche im Briefkasten lag: Wildblumensamen. Vielleicht magst du die Samen morgen zusammen mit Selma rund um den Stadtbaum vor unserem Haus verteilen?“

„O ja“, rief Maja aus. Das wollte sie gern tun, dann hätten die Bienen sogar Futter, falls sich mal wieder eine von ihnen hierher verirren würde. Doch Selma war krank und würde morgen wahrscheinlich auch nicht zur Schule kommen.

Auf einmal musste sie an Violetta denken, die sie wegen ihrer kurzen Haare geärgert hatte.

„Warum guckst du denn so traurig?“, fragte ihre Mutter.

Maja schüttelte den Kopf, dann lachte sie und sagte: „Alles gut, es ist nix.“ Denn sie hatte plötzlich eine Idee!

Am nächsten Morgen machte sich Maja auf den Weg zur Schule. Vorher hatte sie auf dem Balkon noch nach der Biene geschaut, die war aber nicht mehr da gewesen. Maja hoffte sehr, dass die Biene genug Kraft gesammelt hatte und weitergeflogen war. Der ganze Balkon war voller blühender Blumen, hier hatte sie bestimmt genug zu essen gefunden. Sicher hatte sie vorher auch noch einen riesigen Schluck aus der Bienentränke genommen.

Wie jeden Morgen war Maja pünktlich in der Schule. Sehnsüchtig blickte sie auf den Platz neben sich, doch Selmas Platz blieb auch an diesem Tag leer. In der Hofpause setzte sie sich allein auf die Bank und aß ihr Brot. Dabei grübelte sie, ob sie überhaupt genug Mut besaß, ihren Plan auch umzusetzen. Sie hoffte das sehr.

Nach der Schule trödelte Maja ziemlich lange herum. Sie dachte bereits, dass ihr Plan nicht aufgehen würde, als sie hinter sich ein Kichern hörte. Sie hatte Violetta also nicht verpasst. Mutig blieb Maja stehen und drehte sich um. Die ganze Schule hatte Respekt vor Violetta. Maja hatte schon mal mitbekommen, wie Violetta eine Lehrerin als blöd bezeichnet hatte. Ja, genau, eine Lehrerin! Das war doch total verrückt. Natürlich hatte Violetta dafür einen Tadel bekommen.

Violetta blieb nun auch vor ihr stehen und schaute von oben auf sie herab.

Bloß nicht wegrennen, dachte Maja im Stillen und erinnerte sich an die Biene. Gestern hatte sie für einen kurzen Moment auch an Violetta gedacht. Was wäre, wenn Violetta genau wie die Biene eigentlich gar nicht böse war?

Anstatt vor Violetta davonzulaufen oder ihr auszuweichen, nahm Maja ihren ganzen Mut zusammen. „Auf dich habe ich schon gewartet", sagte sie kühn. „Du hast dir aber mächtig Zeit gelassen."

„Wie meinst du das?“, fragte Violetta erstaunt. Sie hatte ihren Kopf schief gelegt und die grünen Augen, die Maja sonst immer so gemein vorkamen, blitzten neugierig auf.

„Na, ich dachte, du hättest vielleicht Lust, mit mir Wildblumen auszusäen.“

„Wildblumen aussäen? Wir? Zusammen?“

„Ja. Wildblumen. Ich habe eine ganze Packung Samen dabei.“

„Wie macht man das denn?“, fragte Violetta und blies eine große Kaugummiblase. Sie wurde größer und größer, bis sie schließlich platzte. Violettas Gesicht war zur Hälfte mit Kaugummi bedeckt.

Das sah vielleicht komisch aus! Maja lachte laut auf. Dann zögerte sie und starrte mit weitaufgerissenen Augen Violetta an. Sie hatte Sorge, dass Violetta sauer werden könnte. Doch zu ihrer Erleichterung sah sie, dass auch Violetta lachte, während sie sich die Kaugummireste von ihrer Wange kratzte.

„Du hast also Lust?“, fragte Maja.

„Klar. Warum sollte ich denn auf so was keine Lust haben?“

Auf dem Weg nach Hause erzählte Maja Violetta von der Biene. Und von der Tränke, die ihre Mutter extra für die Insekten gebaut hatte. Und davon, dass es in der Stadt kaum blühende Blumen gab.

Schweigend lief Violetta neben ihr her. Violetta, die sonst immer einen gemeinen Spruch auf Lager hatte, war für eine Weile still. Dann drehte sie sich zu Maja um und sagte: „Ja, die Bienen haben es nicht so einfach in ihrem Leben."

Auf dem Bürgersteig vor Majas Zuhause setzten die beiden Mädchen ihre Rucksäcke ab. Maja musste tief darin wühlen, bis sie die Tüte mit den Samen fand. Dann nahm sie die Metallschippe in die Hand, die sie sich von ihrer Mutter ausgeliehen hatte. Die beiden Mädchen hockten sich vor den Stadtbaum auf den Boden und Maja reichte Violetta die Schippe.

„Hier, magst du zuerst? Nicht zu tief, aber tief genug, damit die Samen danach wieder mit Erde bedeckt sind."

Violetta nahm die Schaufel entgegen und begann, kleine Löcher zu graben. Die beiden hatten so viel Spaß zusammen, dass sie immer wieder laut lachen mussten. Nach getaner Arbeit klopften sie sich die Erde von den Knien und rieben sich die Hände sauber.

„Jetzt müssen wir nur noch gießen."

Violetta griff sofort in ihren Rucksack und kramte nach ihrer Wasserflasche. Sie drehte sie auf den Kopf, aber es kamen nur noch zwei Tropfen raus.

„Na, komm", sagte Maja. „Wir gehen hoch zu mir und holen neues Wasser."

„Zu dir nach Hause?"

„Ja, ich wohne doch dort." Maja zeigte auf das Wohnhaus hinter ihnen.

„Ich weiß nicht", sagte Violetta auf einmal ganz schüchtern. „Ist das denn erlaubt, dass ich mit hochkomme?"

„Na klar doch. Warum denn nicht?"

„Ich darf keinen Besuch bekommen, das mögen meine Eltern nicht", antwortete Violetta ganz zaghaft.

Und da begriff Maja, dass Violetta auch wie eine Biene war. Sie sah, dass Violetta auch schüchtern sein konnte. Vielleicht waren ihre gemeinen Sprüche nur eine Art Verteidigung gewesen, weil sie insgeheim verletzlich und allein war und niemanden zum Reden und Spielen hatte?

Im Fahrstuhl auf dem Weg nach oben nahm Maja noch einmal ihren ganzen Mut zusammen: „Warum hast du dich denn gestern über meine Haare lustig gemacht? Ich war ziemlich wütend auf dich.“

Violetta sah sie fragend an. „Wieso lustig gemacht? Ich wollte doch nur mit dir reden. Mein Vater sagt, dass ich keine kurzen Haare haben darf, weil Mädchen dann wie Jungs aussehen. Ich finde, du siehst stark aus. Ich hätte auch gern kurze Haare. Aber das konnte ich dir ja alles nicht mehr sagen, weil du schon davongedüst bist.“

„Echt? Dann bin ich aber froh. Sag mal, wollen wir Freundinnen sein?“

Violettas Augen leuchteten auf. „Na klar.“

Majas Mutter drückte den beiden schließlich eine Gießkanne mit Wasser in die Hand. Fröhlich machten sich die Mädchen wieder auf den Weg nach unten zu ihrem Beet.

Schon
gewusst
?

WARUM SOLLTE MAN BIENEN SCHÜTZEN?

Für ein intaktes Ökosystem sind Bienen unverzichtbar, denn sie sorgen für ertragreiche Ernten. Fast ein Drittel aller Lebensmittel entsteht durch die Bestäubung der Blumen durch Bienen und andere Insekten. Der Verlust ihres Lebensraums, der Klimawandel und der Einsatz von Pflanzenschutzmitteln in der konventionellen Landwirtschaft bedrohen die Bienen.

Möchtest du vielleicht etwas für die Bienen tun? Du könntest ein Insektenhotel bauen, Wildblumenmischungen bei dir in der Gegend aussäen, einen Kräutergarten auf dem Balkon oder Fensterbrett anpflanzen oder eine Bienentränke im Sommer aufstellen.

Von Taucherbrillen und Schwimmflossen

Mia blinzelte vorsichtig unter der Bettdecke hervor. Sonnenstrahlen blendeten ihr Gesicht. Durch den schmalen Spalt der Vorhänge schien die Sonne direkt auf ihr Kopfkissen. Zu hell, dachte sie und mummelte sich wieder in die Decke.

Moment mal! Sie hüpfte aus dem Bett und rannte zum Fenster, wo sie den Kopf durch die Vorhänge steckte und in den blauen Himmel starrte, darunter glitzerte das Meer. Das sah wirklich vielversprechend aus! Aufgeregt sprang sie auf das große Doppelbett, in dem ihre Eltern schliefen.

„Mama! Papa! Ihr müsst aufwachen. Die Sonne scheint." Genau darauf hatte sie schon seit drei Tagen gewartet!

„Ist es nicht noch zu früh, Mia?", grummelte ihr Vater verschlafen. „Wir sind doch im Urlaub."

„Aber Papa, die Sonne scheint. Schau doch mal."

Mia rannte aufgeregt zurück zum Fenster und riss die schweren Vorhänge zur Seite. Das Licht breitete sich im Hotelzimmer aus.

„Mia!", rief ihr Vater erschrocken und sah sie mit gerunzelter Stirn an. Doch nur einen winzigen Augenblick später strahlte er über das ganze Gesicht. „Mensch, Mia, du hast ja recht", meinte er freudig. „Dann müssen wir wohl Mama wecken."

Kichernd sprang Mia auf die Bettseite ihrer Mutter und rüttelte an ihrer Schulter, bis sie endlich ihre Schlafbrille nach oben auf die Stirn zog.

„Na, wie wunderbar", sagte ihre Mutter. „Der Urlaub ist gerettet."

„Ich will zum Strand. Ich will zum Strand“, rief Mia.

Ihre Eltern sahen sich grinsend an.

Auf dem Weg zum Frühstückssaal pfiff Mia fröhlich vor sich hin. Sie musste zwar noch das Frühstück abwarten, aber dann würden sie endlich zum Strand gehen. Sie konnte es kaum erwarten, die nagelneue Taucherbrille und die Schwimmflossen auszuprobieren. Beides hatte sie von ihrem Nachbarn Carlos ausgeborgt bekommen. Seit drei Tagen hatte sie sehnsüchtig auf diesen Moment gewartet. Es waren schließlich Sommerferien und die Reise nach Spanien sollte der Höhepunkt des Jahres werden.

Doch davon war bisher nichts zu spüren gewesen. Seit ihrer Ankunft hatte es ununterbrochen geregnet und gestürmt. Statt schwimmen zu gehen und neue Freunde zu finden, hatte sie mit ihren Eltern im Hotelzimmer Karten gespielt. So häufig, dass sie sich irgendwann alle drei nur noch angepflaumt hatten.

Nun war der langersehnte Tag gekommen. Am Frühstückstisch konnte sie nicht still sitzen bleiben, sondern zappelte unruhig hin und her.

Endlich verkündete ihre Mutter, dass es nun Zeit sei, an den Strand zu gehen. Während sich ihre Mutter die große Sonnenbrille aufsetzte, die ihr ganzes Gesicht bedeckte, und ihr Vater sich ein viertes Mal Kaffee nachschenkte, schnappte sich Mia die schwere Badetasche und marschierte los. Ihre Eltern folgten ihr langsam, da ihr Vater erst noch die volle Kaffeetasse ausschlürfen musste. Die letzten Meter hielt Mia es nicht mehr aus. Sie drückte ihrer Mutter die Tasche in die Hand und lief die letzten Meter los zum Sandstrand.

Doch was war das?

Erschrocken blieb sie auf dem sandigen Boden stehen und sah sich ungläubig um. Der ganze Strand war voller Müll! Wo kam der denn plötzlich her? Überall lagen Plastikteile herum: alte Joghurtbecher, Plastiktüten, leere zusammengeknautschte Plastikflaschen. Sogar eine durchbrochene Klobrille konnte sie entdecken. Sie ließ sich an Ort und Stelle in den Sand fallen und riss sich die Taucherbrille vom Kopf. Traurig warf sie sie mitsamt den Schwimmflossen neben sich in den Sand.

Neben ihr ertönte auf einmal ein lautes Gemecker. Mia drehte sich um und sah einen großen Mann, der einen Sonnenschirm unter den Arm geklemmt hatte. Begleitet wurde er von einer Frau, einem Jungen und einem kleinen Mädchen. Der Junge war vielleicht neun Jahre, also genauso alt wie sie.

Mia wusste, dass man fremde Menschen nicht belauschen durfte, aber dieser Mann schrie so laut, dass ihr gar nichts anderes übrig blieb, als dem Gebrüll zuzuhören. Was damit ja dann auch kein echtes Belauschen mehr war.

„Wir werden sofort abreisen! Das ist eine Unverschämtheit. Eine Frechheit ist das. Ich will mein Geld zurück! Das ist doch Betrug!" Das Gesicht des großen Mannes wurde ganz rot. Das konnte nur von seiner Wut kommen, denn die Sonne hatte sich ja bisher noch nicht wirklich blicken lassen. Heute war der erste sonnige Tag, seitdem sie hier waren.

„So beruhige dich doch, Hermann", redete die Frau leise auf ihn ein. „Schrei doch vor Raffaela und Paulo nicht so rum."

„Ich soll mich beruhigen? Aber ich fange doch gerade erst an. Das stand so nicht im Urlaubskatalog. Ich werde mich beschweren“, rief der Mann immer noch ganz aufgebracht. Ungehalten stapfte er durch den Sand, wobei er eine seiner Sandalen verlor. Wütend bückte er sich danach und schmiss sie weit von sich in Richtung Müll. Während das Mädchen und die Mutter regungslos verharrten, rannte der Junge der Sandale hinterher.

Mia spürte, wie ihr Vater seine Hand auf ihre Schulter legte. Sie sah zu ihm auf.

„Das sieht wirklich nicht gut aus“, sagte er.

„Das kommt sicher vom Sturm,“ sagte Mias Mutter. „Das Unwetter hat drei Tage lang gewütet und nun haben die hohen Wellen den Müll aus dem Meer an Land gespült.“

Mia blickte zuerst aufs Wasser und dann wieder auf den Strand.

Nein, so geht das wirklich nicht, dachte sie. Sie wollte sich ihren Urlaub davon nicht verderben lassen.

Sie beobachtete Paulo, der zwischen dem ganzen Plastikmüll nach der Sandale seines Vaters suchte. Da kam ihr blitzartig eine Idee. Sie rappelte sich auf und rannte auf Paulo zu. Kurz bevor sie bei ihm angelangt war, blieb sie stehen, stemmte die Hände in die Hüften und rief herausfordernd: „Hey, machen wir einen Wettbewerb?“

„Was willst du denn?“, fragte der Junge und verdrehte die Augen, aber dann sah er sie doch neugierig an.

„Wer als Erstes eine Tüte findet und den meisten Müll einsammelt, der gewinnt!“, schrie Mia ihm entgegen.

Paulo kratzte sich am Kopf. Er schien noch zu überlegen, was er von dem Vorschlag halten sollte. Doch Mia hatte bereits eine leere Tüte vom Boden aufgehoben, schüttelte den Sand aus und stopfte hastig den umliegenden Plastikmüll hinein.

„Na, los. Wer am Ende den meisten Müll eingesammelt hat, ist Sieger“, rief sie in voller Lautstärke. Das ließ Paulo sich nicht zweimal sagen und im Nu hatte auch er eine Tüte gefunden, die er nun genauso schnell befüllte. Ehe die ersten Tüten voll waren, stand die kleine Schwester von

Paulo bei ihnen und rief: „Ich will auch mitmachen. Lasst mich mitmachen!“

Mia und Paulo waren so sehr damit beschäftigt, den Müll einzusammeln, dass sie gar nicht mitbekamen, wie immer mehr Kinder an dem Spiel teilnahmen. Erst als Mia den letzten Strohhalm aufgehoben hatte, sah sie sich erstaunt um. Der Sandstrand sah nun paradiesisch sauber aus. In der Sonne glänzten die feinen Sandkörner fast wie pures Gold.

Als sie den Müllberg sah, der sich nun rechts und links neben dem Strandweg in Tüten aufgestapelt hatte, lächelte sie zufrieden. Ihr Vater und ihre Mutter begannen damit, alles nach und nach in Richtung Hotel wegzutragen.

Plötzlich sah Mia Paulos Vater in Begleitung einer Frau zum Strand eilen. Die Frau trug ein weißes Hemd und einen schwarzen Rock, der viel zu schick für den Strand aussah. Gerade als Paulos Vater wieder losbrüllen wollte, riss er verblüfft die Augen auf. Vor lauter Erstaunen blieb ihm sogar der Mund offen stehen und er starrte fassungslos auf den Strand.

„Aber, aber, was ist denn hier passiert ...?“, stotterte er.

„Keine Sorge, Papa“, sagte Paulo, „deine Sandale ist nicht im Müll gelandet.“

Die umstehenden Kinder lachten laut und klatschten in die Hände. Einige schlugen vor lauter Freude ein Rad im Sand, während die Eltern Decken ausbreiteten und Sonnenschirme aufstellten. Auch Mias Eltern hatten einen Platz gefunden und packten die Strandtasche aus.

Mia angelte nach ihrer Taucherbrille und zog sich ihre Schwimmflossen an. Als sie ins Wasser watschelte, hörte sie Paulo hinter sich herrufen: „Warte, ich komme mit. Wir haben dieses Mal wohl beide gewonnen.“

Mia lachte und rief ihm zu: „Wer am längsten tauchen kann, gewinnt!“ Dann nahm sie ihren Schnorchel in den Mund und tauchte unter. Sie war sich sicher: Das würden noch ganz fantastische Ferien werden!

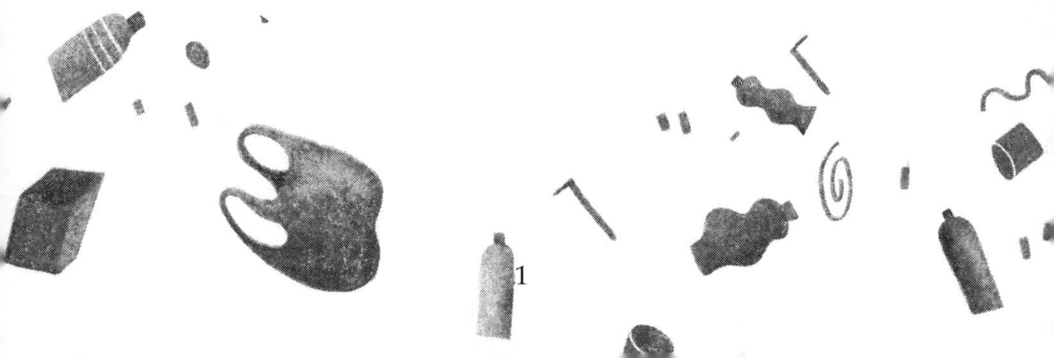

Schon gewusst?

WIE MÜLL DIE LEBEWESEN IM MEER BEDROHT

Ein großes Problem für diesen Planeten ist der Müll in den Meeren. Riesige Müllteppiche treiben auf den Ozeanen. Plastikprodukte gelten durch ihre Langlebigkeit als besonders gefährlich. Eine Wasserflasche aus Plastik braucht 450 Jahre, um sich zu zersetzen. Der Müll ist eine Gefahr für die Tiere im Wasser, denn sie verheddern sich darin oder verschlucken sich daran.
Wenn du etwas tun möchtest, kannst du dich bei deinem nächsten Strandurlaub an einer Aufräumaktion beteiligen, damit angespülter Müll nicht mit der nächsten großen Welle erneut im Meer landet.
Am allerwichtigsten ist jedoch, darauf zu achten, wenig Müll zu produzieren und den eigenen Abfall immer mit nach Hause zu nehmen, um ihn dort ordentlich in der Mülltonne zu entsorgen.

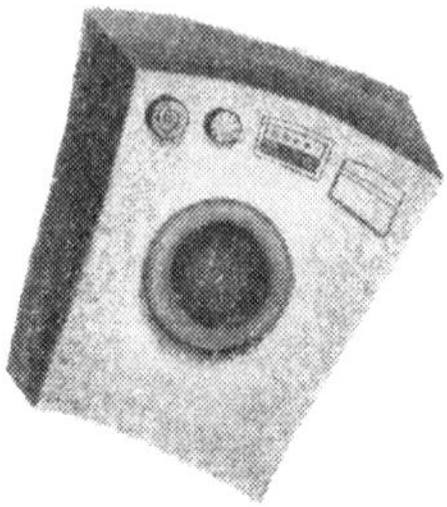

Ferienlager

Endlich hatten die Herbstferien begonnen. Aylin, Tino, Borys und Emma freuten sich auf eine ganze Woche elternfreie Zeit und Abenteuer ohne Ende.

Kurz nach der Ankunft im Ferienlager ermutigte der Gruppenleiter die Kinder, die Gegend zu erkunden. Das hatten sich die vier nicht zweimal sagen lassen. Vorher beratschlagten sie aber noch, wer welches der Stockbetten in ihrem Vierer-Zimmer bekommen sollte. Aylin hatte Höhenangst, deswegen war allen klar, dass sie unten schlafen musste. Und da Borys seine komplette Ausrüstung stets griffbereit benötigte, bekam er das andere untere Etagenbett. Tino schmiss seinen Rucksack in hohem Bogen auf sein oberes Bett und auch die anderen legten schnell ihre Rucksäcke ab. Borys schnappte sich noch schnell sein Taschenmesser und Aylin griff nach ihrem Basecap, unter das sie sich das braun gelockte Haar stopfte. Es konnte losgehen! Freudig machten sich alle auf zur Erkundungstour.

Kaum hatten sie den Wald betreten, raschelte das goldgelbe Laub unter ihren Turnschuhen. Aus den Höhen ertönte das Hämmern eines Spechts, der mit seinem Schnabel gegen einen Ast trommelte. Ein letztes Haus stand am Waldrand und ein Schild mit der Zeichnung eines schwimmenden Bibers verkündete: FÖRSTEREI BIBER. Auf dem Grundstück hackte ein Mann Holz, er pausierte kurz, um ihnen zuzulächeln und den Hut zu lüften. Das ist bestimmt der Förster, dachte Borys. Die vier winkten freudig zurück. Dann rannten Aylin und Tino voraus, Borys und Emma bildeten die Nachhut.

„Alles gut mit dem Bein? Die Busfahrt war echt anstrengend. Kannst du noch?“, fragte Borys vorsichtig.

„Klar!“, antwortete Emma, obwohl beide wussten, dass Emma das auch gesagt hätte, wenn ihr das Bein wehtun würde. Vor wenigen Monaten hatte sie sich das Bein gebrochen, und obwohl der Knochen wieder ordentlich zusammengewachsen war, ging sie etwas vorsichtiger mit dem Bein um. Der Beinbruch war schmerzhaft gewesen, aber das hatte sie sich kaum anmerken lassen. Nur die Tränen hatte sie nicht unter Kontrolle gehabt. Die waren ihr wie Sturzbäche aus den Augen geschossen, worüber sie sehr wütend geworden war. Heulen war nichts für Emma. Aber noch schmerzhafter war für sie der lange Sommer ohne Schwimmen gewesen. Mit Borys hatte sie ihn im Schatten am Seeufer verbracht, während Tino und Aylin jauchzend ins kühle Nass gesprungen waren. Borys war wasserscheu und hasste es, schwimmen zu gehen oder in der Sonne zu liegen. Er hatte helle Haut, rötliches Haar und unzählige Sommersprossen, deswegen bekam er schnell einen Sonnenbrand. Für Borys war es ein

Traumsommer gewesen, was er allerdings nie zugegeben hätte. Endlich hatte er den anderen nicht mehr allein beim Schwimmen zugucken müssen und dann hatte er Emma auch noch ganz für sich gehabt.

Plötzlich blieb Emma mitten im Wald stehen. Borys drehte sich verdutzt zu ihr um, dann lächelte er verschmitzt: „Kannst ruhig zugeben, dass das Bein wehtut. Ich werde es den anderen auch nicht erzählen."

Doch Emma schüttelte den Kopf und legte sich den Zeigefinger an den Mund, um Borys zu signalisieren, still zu sein.

„Hörst du das?", flüsterte sie.

„Das sind bestimmt Tino und Aylin, die sich von hinten anschleichen, um uns zu erschrecken."

Doch Emma schüttelte den Kopf. Sie verließ den Weg, stieg über einen entwurzelten Baum und lief querfeldein immer tiefer in den Wald hinein.

„Wo willst du denn hin?", rief Borys hinter ihr her. Doch Emma drehte sich nicht um. Erst hinter dem Stamm einer dicken Eiche blieb sie stehen und zog Borys mit sich. Dann zeigte sie auf eine alte Holzbrücke, unter der ein Fluss strömte.

Borys lugte vorsichtig hinter dem Baum hervor. Mitten im Wald stand ein weißer Kastenwagen, der die hinteren Türen sperrangelweit geöffnet hatte. Die beiden beobachteten, wie ein Mann im blauen Overall gerade dabei war, eine alte Waschmaschine den Hang hinunterzustürzen.

„W-was macht der denn da?“, stotterte Borys aufgeregt.

„Pscht!“, machte Emma, doch es war zu spät, der Mann drehte sich in ihre Richtung. Mit klopfenden Herzen versteckten sich Emma und Borys schnell wieder hinter dem Baumstamm.

„Ach, du heiliger Strohsack“, stöhnte Borys.

Einen Moment später heulte der Motor des Lieferwagens auf und Emma sprang hinter dem Baum hervor.

„Emma, bleib hier“, rief Borys, doch Emma flitzte bereits los. Ihm blieb also nichts anderes übrig, als ihr hinterherzurennen. Er stolperte über einen Ast, rappelte sich wieder auf und erreichte sie endlich. Außer Atem und mit vorwurfsvollem Blick sah er sie an. „Warum bist du denn direkt auf den Übeltäter zu?“, fragte Borys. „Das hätte echt gefährlich enden können.“

„Ich wollte mir die Nummer des Lieferwagens merken, aber leider war ich nicht schnell genug. Doofes Bein aber auch. Das war ein Umweltsünder. Er hat hier illegal seinen Elektroschrott abgeladen."

„Müssen wir das nicht der Polizei melden?"

„Und was wollen wir denen sagen? Dass wir einen Mann in einem weißen Transporter gesehen haben? Das reicht denen nicht. Aber ich habe etwas auf der Seite der Tür gesehen: einen Aufkleber, ein Tier oder so. Blöderweise kann ich schlecht beschreiben, was das für ein Tier war. Los, lass uns mal nachschauen, was der Typ alles unerlaubt in die Natur geschmissen hat."

„Emma! Borys!", hörten sie es hinter sich aus dem Wald rufen.

„Ah, da kommen die beiden ja", sagte Emma. Und Borys konnte am Kräuseln ihrer Stirn erkennen, dass sie bereits einen Plan hatte.

Sie sprang in die Höhe und winkte Aylin und Tino aufgeregt zu.

„Ihr glaubt nicht, was wir gerade beobachtet haben", rief Emma ihnen entgegen. Und während sie den Abhang zu dem Fluss hinabkletterten, berichtete sie den anderen, was sich zugetragen hatte.

Unten angekommen, blieben die vier bestürzt stehen. Von oben hatten sie das ganze Ausmaß gar nicht erkennen können, weil ein großer Findling die Sicht versperrt hatte. Doch nun sahen sie zwei alte Waschmaschinen, einen Geschirrspüler, drei Drucker und zwei Computermonitore, die auf den Kieselsteinen am Ufer des Flusses lagen.

„Was machen wir nun?", fragte Tino in die Runde. Und Borys sah erwartungsvoll Emma an.

„Ich schlage vor, wir gehen zurück zur Jugendherberge. Ich werde versuchen, eine Zeichnung von dem Aufkleber zu erstellen. Das ist der einzige Anhaltspunkt, den wir im Moment haben. Für heute können wir nichts weiter tun."

Niemand widersprach ihr und still kraxelten sie den Abhang wieder hinauf.

Den restlichen Tag verbrachten sie im Camp, wo Emma sich immer wieder mit ihrem Notizheft zurückzog. Irgendwann schmiss sie es wütend in die Ecke und rief: „Ach, das bringt doch alles nichts. Ich komme einfach nicht darauf, wie dieses Tier auf dem Aufkleber ausgesehen hat."

Aylin tröstete sie. Und Tino behauptete, dass das Gehirn sich nur für zwölf Stunden ausruhen müsse, aber dann die Erinnerung wieder vollständig hergestellt sei. Die anderen nickten seufzend in seine Richtung. Sie wussten alle, dass Tino sich das nur ausgedacht hatte. Aber weil er es gut meinte, war ihm keiner böse. Vielleicht war das das Geheimnis ihrer engen Freundschaft: Jeder durfte so sein, wie er wollte.

Am nächsten Morgen waren alle früh wach, denn Borys hatte die anderen mit lautstarkem Wühlen in seinen Taschen geweckt. Immer wieder fluchte er vor sich hin: „Mist, Mist!"

Emma murmelte verschlafen von der oberen Etage des Bettes: „Borys, was machst du denn da?"

„Ich kann mein Taschenmesser nicht finden."

„Messer jeglicher Art sind auf dieser Fahrt verboten. Das Taschenmesser hat dir somit einen Gefallen getan." Tinos müde Stimme ertönte vom anderen oberen Bett.

Aylin war bereits aus dem Bett gesprungen und half Borys beim Suchen. „Wo hast du es denn das letzte Mal gehabt?", fragte sie.

„Im Wald. Vielleicht habe ich es unten am Fluss verloren."

Emma setzte sich in ihrem Bett auf, dabei stieß sie fast mit dem Kopf gegen die niedrige Decke. „Borys, wie spät ist es?"

„6:31 Uhr."

„Frühstück ist um 7:30 Uhr. Dann bleibt uns eine Stunde", überlegte Emma laut.

„59 Minuten, um genau zu sein", verbesserte Borys sie.

Emma kicherte, dann beugte sie sich über die Strebe und sah die anderen mit blitzenden Augen an: „Bereit zum Abflug?"

Tino grummelte etwas in sein Kissen, doch Aylin und Borys standen schon startklar an der Tür.

„Wollen wir nicht durchs Fenster klettern?", fragte Emma. „Dann sieht uns keiner, wenn wir ohne Erlaubnis in den Wald gehen."

Aylin starrte sie angsterfüllt an. Tino landete lautstark mit einem gekonnten Sprung aus seinem Hochbett direkt in der Mitte des Zimmers. „Auch wenn wir hier Hochparterre sind, Aylin wird ihre Höhenangst kaum bezwingen. Ich werde mit ihr durch den Flur schleichen. Ihr nehmt das Fenster."

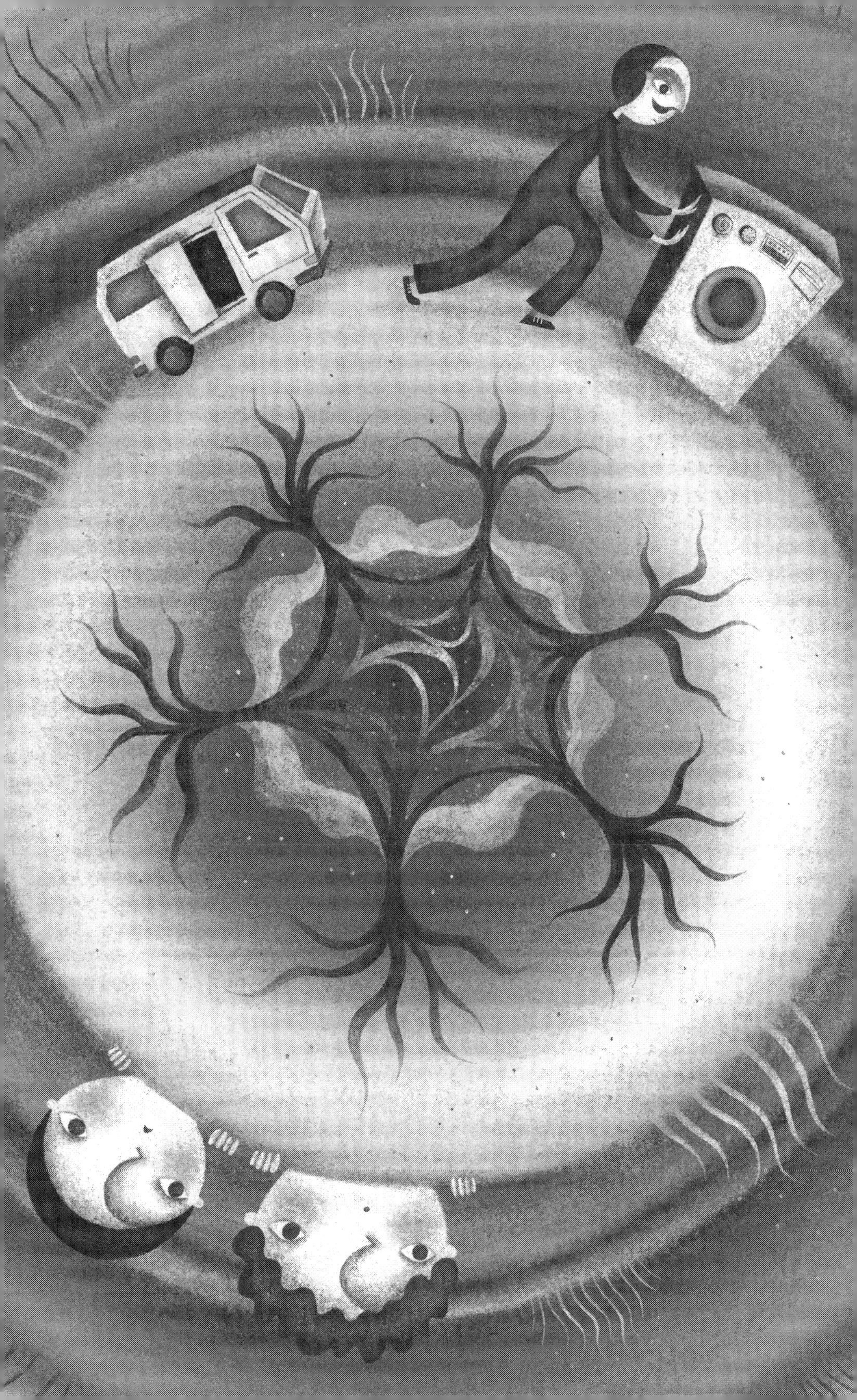

Borys verdrehte die Augen. Er war nicht besonders sportlich, aber auch das wollte er vor Emma nicht zugeben. Also nahm er seinen ganzen Mut zusammen und öffnete das Fenster. Zu seiner Erleichterung sah er, dass es nur ein Katzensprung war, denn unter dem Sims stand eine Bank.

Tino zog Aylin mit sich in den Flur. „Wir sehen uns am Waldrand."

Keine fünf Minuten später waren alle an der verabredeten Stelle. Die Luft war diesig und die Vögel begrüßten lautstark den neuen Tag. Sie mussten nicht weit laufen, da Emma die Stelle auf Anhieb wiederfand, an der sie gestern die Abkürzung zur Brücke genommen hatten. Borys sah pfeifend auf seine Uhr. „Es ist 6:56 Uhr. Wir liegen gut in der Zeit", verkündete er stolz. „Wir werden es pünktlich zurück zum Frühstück schaffen. Niemand wird unsere Abwesenheit bemerkt haben."

Hintereinander stiegen sie den Abhang hinunter. Sie waren noch nicht ganz unten am Fluss angekommen, da hörten sie das Aufheulen eines Motors.

„Ach, du heiliger Bimbam", seufzte Borys.

„Versteckt euch hinter dem Findling da vorne“, zischte Tino den anderen zu und machte sich daran, den Hang wieder hinaufzuklimmen.

„Wo willst du denn hin?“, rief Emma ihm zu.

„Das werdet ihr schon noch erfahren. Und jetzt beeilt euch besser.“

Im Nu rutschten die drei das letzte Stück des Abhangs hinunter und versteckten sich hinter dem großen Stein.

Tino war unterdessen oben angekommen. Er hörte, wie die Fahrertür zugeschlagen wurde, und dann stand auch schon der Mann im blauen Overall vor ihm.

„Welch herrlicher Morgen, nicht wahr?“, sprach Tino ihn ohne Umschweife an und blickte in den Himmel.

„Was machst du denn hier?“ Der Fremde sah Tino lauernd an.

„Ich genieße die Ruhe im Wald. Einen schönen Lieferwagen haben Sie da. Fährt er schnell?“ Tino umrundete langsam den Wagen. „Scheint ein neues Modell zu sein. Habe ich recht?“

„Was bist du denn so neugierig, du Bürschchen?“

„Es gibt keine dummen Fragen, wurde mir beigebracht. Ich interessiere mich für Lieferwagen im Allgemeinen. Und im Besonderen natürlich für weiße Lieferwagen. Wussten Sie, dass es einen Friedhof nur für weiße Lieferwagen gibt?“

„Das hast du dir doch ausgedacht!“

„Keineswegs“, lachte Tino, nachdem er den Wagen einmal umrundet hatte. „Aber ich bin dann mal weg. Schönen Tag noch!“ Er winkte und verschwand schnellen Schrittes im Wald.

Emma, Aylin und Borys hockten noch immer hinter dem Felsbrocken.

„Mensch, was machen wir denn nun?“, fragte Aylin und sah Emma erwartungsvoll an.

„Na, den Berg können wir nicht hoch. Wenn der Typ sieht, dass wir direkt von seiner privaten Mülldeponie kommen, wird er uns was pfeifen. Wir müssen also durch den Fluss schwimmen.“

„Schwimmen?“, stöhnte Borys.

Aylin sah Borys mitleidig an. Doch Emma schüttelte entschieden den Kopf. „Wir können Borys nicht zurücklassen. Aber wir haben nicht mehr viel Zeit, gleich beginnt das Frühstück. Nur wenn der Kerl noch mehr Müll ablädt, dauert das zu lange. Dann merkt unser Gruppenleiter, dass wir nicht in der Jugendherberge sind. Am Ende werden wir noch früher nach Hause geschickt."

Borys quiekte plötzlich erfreut auf: „Mein Taschenmesser!"

Es lag direkt neben dem Findling, schnell steckte er es ein.

Emma hatte ihre Schuhe und ihre Jeans ausgezogen und schmiss beides auf die andere Seite des Flusses. Dieser war kaum breiter als zwei Meter.

„Ich teste jetzt erst einmal, wie tief das Wasser ist. Vielleicht können wir durchwaten."

Gesagt, getan. Emma fackelte nicht lange und betrat vorsichtig das Flussbett. „Ui, ist das kalt", sagte sie.

Erleichtert sah Borys, dass das Wasser Emma nur bis zu den Knien ging. Nachdem sich Aylin und er die Hosen bis zu den Oberschenkeln hochgekrempelt hatten, stapften sie Hand in Hand auf die andere Seite. Eilig schlüpften die drei wieder in ihre Schuhe und rannten schnell zurück ins Feriencamp.

Dort saß Tino bereits am Frühstückstisch.

„Na, seid ihr auch endlich aus den Federn gekrochen?" Er zwinkerte ihnen verschwörerisch zu.

Aylin sah ihn fragend an. „Warum bist du direkt zu diesem Kriminellen gegangen?", flüsterte sie. „Du hast verdammt Glück gehabt, dass er dir nichts getan hat."

Borys sah aus den Augenwinkeln, wie Emma ihre Stirn wieder kräuselte. Sie setzte sich Tino gegenüber an den Tisch und blickte ihn herausfordernd an. „Ich wette, du hast dir die Wagennummer aufgeschrieben!"

„Klar doch! Die Chance konnte ich mir nicht entgehen lassen."

„Wo ist die Nummer?", fragte Emma ungeduldig.

Tino hob die Serviette an, mit blauer Kugelschreiberschrift stand darauf das Nummernschild geschrieben.

„Aber das ist nicht alles. Du hattest recht, Emma! Auf der Wagenseite befand sich ein Aufkleber. Ihr werdet nicht glauben, was darauf stand!"

„Spann uns nicht auf die Folter“, drängte Aylin.

„Försterei Hirsch. Der Hirsch sah aber nicht annähernd wie ein Hirsch aus. Deswegen konntest du das Tier auch nicht nachzeichnen.“

„Ein falscher Förster!“, rief Borys.

„So sieht es aus“, sagte Tino.

„Und was machen wir jetzt?“, fragte Aylin in die Runde.

„Wahrscheinlich können wir nicht einmal in Ruhe zu Ende frühstücken“, grummelte Borys. Schnell schnitt er mit seinem Taschenmesser ein zweites Brötchen auf und beschmierte es mit Marmelade.

„Wir müssen das sofort dem Gruppenleiter sagen“, verkündete Emma und sprang auf, Aylin und Tino folgten ihr. Borys wickelte die Brötchen in Servietten und stopfte sie schnell in seine Bauchtasche, dann eilte er den anderen hinterher.

Die waren gerade dabei, mit dem Gruppenleiter den Frühstückssaal zu verlassen. Gemeinsam liefen sie zum Forsthaus. Von unterwegs rief der Gruppenleiter die Polizei an. Die war schon längst da, als die Gruppe endlich an der Holzhütte ankam. Die Kinder erzählten den Erwachsenen alles, was sie beobachtet hatten.

„Ihr seid wirklich klasse. Das war ein riesiges Glück, dass ihr den Umweltsünder auf frischer Tat ertappt habt“, sagte der Förster erstaunt. „Könnt ihr uns die Mülldeponie zeigen?“

„Aber klar“, sagte Emma stolz.

Die vier führten die Polizei und den Förster kurzerhand durch den Wald zur besagten Stelle. Während Tino der Polizei das Nummernschild gab und der Förster den Tatort begutachtete, hörte Borys Emmas Magen knurren. Schnell holte er den Proviant hervor und verteilte großzügig die halben Brötchen. Dankbar bissen alle in ihr verspätetes Frühstück. Die Polizei hatte derweil schon eine Fahndung nach dem falschen Förster rausgegeben und der richtige Förster schenkte den vier Kindern zur Belohnung einen Aufnäher mit einem Biber.

Nachdem sich alle voneinander verabschiedet hatten, folgten Emma, Borys, Aylin und Tino ihrem Gruppenleiter zurück ins Camp.

Unterwegs flüsterte Emma den anderen leise zu: „Na, dann auf zum nächsten Abenteuer!“

„O nein!“, stöhnte Borys.

Und alle vier lachten.

Schon gewusst ?

MÜLL RICHTIG ENTSORGEN

Illegale Müllkippen im Wald sind leider keine Seltenheit und auch kein schöner Anblick. Besonders gefährlich wird es für die Tier- und Pflanzenwelt, wenn austretende Chemikalien die Natur schädigen. Aber auch normaler Müll wie leere Getränkeflaschen oder achtlos weggeworfene Lebensmittelverpackungen verunreinigen die Waldwege. Für Tiere kann dieser Abfall dann zur Gefahr werden, wenn Plastik aus Versehen verschluckt wird.

Was kannst du tun?
Vielleicht magst du dich mit deiner Familie und deinen Freunden zu einem Aktionstag verabreden? Schnappt euch Müllbeutel, geht in einen nahe gelegenen Park oder in den Wald und sammelt Müll auf.
Die Natur wird es euch danken.

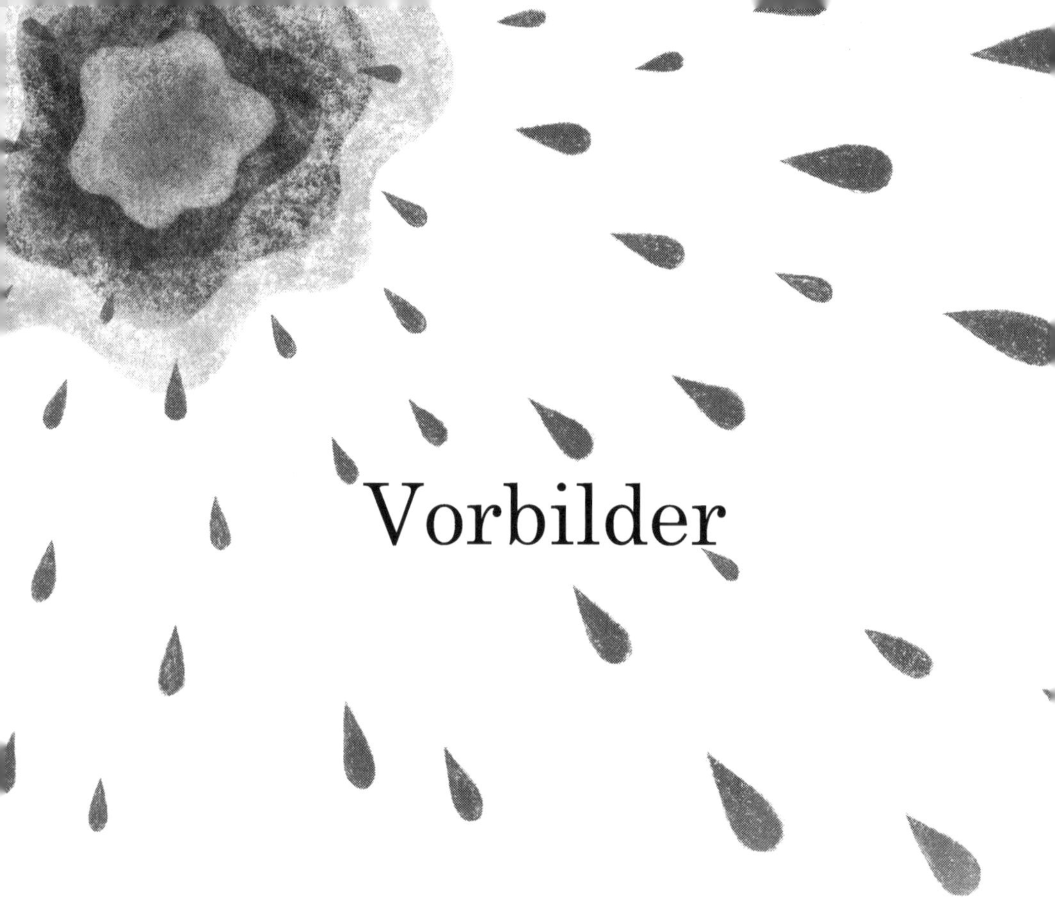

Vorbilder

Mit einem Schild vor den angewinkelten Beinen saß Martha vor der Schule. Ihr langes braunes Haar war zu zwei Zöpfen geflochten. Bei dem Regen rutschte ihr die Brille ständig von der Nase, sodass sie sie mit dem Zeigefinger immer wieder hochschieben musste. Ihr gelber Anorak leuchtete grell an diesem grauen Morgen. Mittlerweile war ihre Brille beschlagen und sie sah nur noch verschwommen. Ihre besten Freundinnen Camilla und Safiya liefen an ihr vorbei und blieben nicht einmal kurz stehen. Sie winkten auch nicht, sondern steckten ihre Köpfe zusammen und tuschelten miteinander. Dabei taten sie so, als würden sie Martha gar nicht sehen. Das ist so gemein, dachte Martha traurig.

Eigentlich hatten sie den Streik zu dritt geplant. Doch am Abend zuvor kamen die Anrufe. Erst klingelte das Telefon und Camilla teilte ihr mit, dass sie doch nicht mitmachen wolle. Kurz darauf rief Safiya an und sagte auch ab. Als Martha nach den Gründen für die Absagen fragte, wollten beide nicht viel dazu sagen. Safiya antwortet nur, dass die beiden halt ihre Meinung geändert hätten. Sie fänden den Streik nun eine ziemlich doofe Idee.

Und jetzt fand Martha ihre beiden Freundinnen doof. „Pfff", machte sie genervt.

Stattdessen kamen jetzt Hector und Philipp geradewegs auf sie zu. Ausgerechnet die beiden. Das bedeutete immer Ärger.

„Was machst du denn hier?", fragte Philipp und stieß mit seinem Gummistiefel gegen das Schild.

„Hört auf! Geht weiter. Das versteht ihr nicht", sagte Martha genervt. Sie wollte die beiden so schnell wie möglich loswerden.

„Warum sollen wir das denn nicht verstehen?", fragte Hector. Und auch er trat gegen das Schild, so dass Martha es fortriss. Sie überprüfte, ob es noch in Ordnung war. Sie hatte Glück, es war nicht kaputtgegangen und auch die Farbe war durch den Regen nicht verlaufen. Die Stifte ihres Bruders hielten wirklich einiges aus. Philipp und Hector verzogen sich wieder. Auf das Schild hatte Martha einen Fuchs gemalt und darüber mit großen Buchstaben geschrieben:

LASST DER STADTFÜCHSIN
IHR ZUHAUSE!
NEIN ZU BAGGERN!

Gegenüber von ihrer Grundschule befand sich ein kleiner Park. Und in diesem Park lebte eine Füchsin, sie hatte dort ihr Zuhause. Das wusste Martha, weil sie mit Camilla und Safiya oft nach der Schule noch in den Park ging. Dort quatschten sie immer eine Weile miteinander, bevor sie sich auf den Weg nach Hause machten. Die Füchsin war wunderschön anzusehen. Sie hatte eine lange Schnauze und einen wuscheligen Schwanz. Als die drei sie das erste Mal im Gebüsch gesehen hatten, war ein kleiner Streit darüber ausgebrochen, ob es vielleicht doch eine Katze sei. Eines Tages war sie dann aus dem Gebüsch hervorgekommen und ohne Scheu an ihnen vorbeistolziert. Die drei Mädchen hatten keine Angst vor der Füchsin. Nur ganz am Anfang vielleicht ein bisschen.

Vor zwei Wochen aber hatte Martha ein Schild am Eingang des Parks entdeckt. Darauf stand in dicken Buchstaben geschrieben, dass der Park einem Parkhaus weichen sollte. Sie wollten das Grundstück erst zubetonieren, also alle Bäume und Sträucher entfernen, und dann diesen hässlichen grauen Klotz darauf bauen.

Aber wo sollte denn dann die Füchsin leben? Es war doch ihr Zuhause.

Am Wochenende hatte Martha in der Stadtzeitung ihrer Mutter zufällig einen spannenden Artikel über ein streikendes Mädchen entdeckt. Sie war erst fünfzehn Jahre alt, als sie damit begann, sich für ein besseres Klima einzusetzen. Diese Nachricht ging um die ganze Welt und hatte viele Menschen aufgerüttelt. Schülerinnen und Schüler gingen seither weltweit auf die Straße, um sich für mehr Klimaschutz einzusetzen. Martha hatte kurzerhand beschlossen, dass das Mädchen aus der Zeitung fortan ihr großes Vorbild sein sollte.

Ein Schulstreik, was für eine gute Idee! Sie hatte ihre beiden Freundinnen angerufen und gemeinsam hatten sie einen Plan geschmiedet. Doch nun hatten Camilla und Safiya sie im letzten Moment im Stich gelassen. Aber Martha war sich sicher, dass sich das Mädchen aus der Zeitung auch nicht so leicht von ihren Plänen abhalten ließ. Dann musste Martha halt ihre Stimme allein gegen diese Ungerechtigkeit erheben. Die Füchsin hatte doch sonst niemanden!

„Martha?"

Vor ihr stand ihr neuer Klassenlehrer Herr Wagner mit einem schwarzen Regenschirm in der Hand. Er beugte sich zu ihr hinab. „Was machst du hier im Regen?"

Sie hob den Kopf. „Ich streike."

„Und warum?"

„Ich streike gegen die Bebauung des kleinen Parks gegenüber." Mit dem Finger deutete sie auf die andere Straßenseite. „Der soll nämlich weg.

Lasst der
Stadtfüchsin
ihr Zuhause.
Nein zu Baggern!

Und die wollen da ein doofes Parkhaus hinbauen. Dagegen muss man etwas tun!“

„Der Unterricht fängt aber gleich an.“

„Ich bleibe hier sitzen, um zu streiken.“

Herr Wagner fuhr sich über sein Kinn und blickte sie nachdenklich an. „Wollen wir vielleicht darüber sprechen? Im Klassenzimmer?“

Martha sah ihren Lehrer erstaunt an. „Wir würden uns in der Klasse darüber unterhalten?“

„Natürlich.“

„Na gut.“

Martha schulterte ihren Rucksack, nahm das Schild unter den Arm und folgte ihrem Lehrer.

In der Klasse versuchte sie das neugierige Starren ihrer Mitschülerinnen und Mitschüler zu ignorieren. An diesem Tag wartete sie ungeduldig darauf, dass Herr Wagner das Thema endlich ansprach. Bislang hatte er kein Wort darüber verloren.

Martha beobachtete den Minutenzeiger auf ihrer Uhr. Sie wusste, dass in wenigen Minuten die Schulglocke ertönen würde, um das Ende des Unterrichts zu verkünden. Martha meldete sich, aber Herr Wagner beachtete sie nicht. Also rief

Martha einfach in den Unterricht hinein: „Herr Wagner, Sie haben mir doch versprochen, dass wir über die Füchsin und den Streik sprechen."

„Martha, es wird nicht einfach reingerufen. Ich habe dich nicht drangenommen."

„Aber ich melde mich doch schon die ganze Zeit."

„Okay, Martha, das Thema kommt noch dran, aber erst wenn wir dafür etwas Zeit haben."

In diesem Moment schrillte die Glocke. „Der Unterricht ist für heute beendet. Vergesst nicht, eure Hausaufgaben zu machen", sagte Herr Wagner, packte seine Tasche und verließ den Raum.

Martha rief ihm wütend hinterher: „So lange kann das aber nicht warten! Bis dahin haben die Bauarbeiten längst begonnen. Und dann hat die Füchsin kein Zuhause mehr."

Um sich herum hörte Martha das Kichern ihrer Mitschülerinnen und Mitschüler.

Philipp, der eine Bankreihe vor ihr saß, drehte sich zu ihr um: „Wie stellst du dir das denn vor? Du kannst doch nicht die Welt verändern."

O doch, dachte Martha. Ich werde es euch allen zeigen. Die Hände zu Fäusten geballt, ging sie nach Hause.

Am nächsten Morgen zog sie wieder mit ihrem Schild los. Sie würde an ihrem Plan festhalten, komme, was wolle. Als sie die Schule erreichte, sah sie schon von Weitem eine weitere Person mit einem Schild vor dem Eingang sitzen. Verwundert lief sie schneller. Da erkannte sie, wer das war: Hector!

Sie blieb vor ihm stehen und starrte auf sein Pappschild. Die Füchsin sah wirklich lustig aus, eigentlich konnte man das Tier nur an der orangen Nase und der spitzen Schnauze erkennen. Martha klatschte begeistert in die Hände.

„Hector! Wie toll, dass du mitmachst."

Hector lächelte schüchtern.

„Na, klar doch. Ist doch eine klasse Idee! Es tut mir auch leid, dass ich gegen das Schild getreten habe. Nach der Schule bin ich gestern zum Park und habe das mit der Bebauung gelesen. Ich habe mich ein bisschen umgesehen und sogar die Füchsin entdeckt. Und dann habe ich mir was überlegt, um mich bei dir zu entschuldigen."

„Was denn?"

„Du wirst schon sehen", meinte Hector verschmitzt.

Martha setzte sich neben Hector auf den Boden und stellte ihr Schild auf. Nach und nach trudelten die Kinder der Grundschule ein. Jetzt, wo sie schon zu zweit waren, blieben immer mehr Kinder stehen und schauten sich neugierig die Schilder an.

Plötzlich hörte Martha ein merkwürdiges Trommeln. Sie sprang auf und erblickte Philipp, der mit einem Löffel unentwegt auf einen Topf schlug. Hinter ihm lief ein Großteil der Klasse 6a.

„Was machen die denn hier?"

Hector sah sie an. „Dich unterstützen. Du musst uns nur sagen, wie."

Ihre Klassenkameradinnen und Klassenkameraden begannen, sie neugierig zu umringen.

„Martha, sag uns, was wir machen sollen", drängten sie.

Hinter ihnen ertönte die Schulklingel zum ersten Mal. Der Unterricht würde in zehn Minuten beginnen. Martha musste sich schnell etwas ausdenken, um von ihren Mitschülerinnen und Mitschülern nicht wieder alleingelassen zu werden. Also versuchte sie, sich daran zu erinnern, was in dem Zeitungsartikel gestanden hatte. Was hatten die Schülerinnen und Schüler auf den Demonstrationen gerufen? Irgendwie hatte sich das doch gereimt!

Camilla und Safiya waren auch da. Die beiden hielten sogar ihre Schilder in die Höhe, die sie zur Vorbereitung gemalt hatten. Da fiel Martha der Spruch wieder ein und sie rief: „Ihr müsst mir jetzt nachsingen, so laut ihr könnt: Wir sind hier. Wir sind laut. Weil ihr der Füchsin ihr Zuhause klaut."

Die Kinder hatten eine Kette gebildet und schrien nun im Chor: „Wir sind hier. Wir sind laut. Weil ihr der Füchsin ihr Zuhause klaut. Wir sind hier. Wir sind laut. Weil ihr der Füchsin ihr Zuhause klaut. Wir sind hier. Wir sind laut. Weil ihr der Füchsin ihr Zuhause klaut."

Philipp lief mit Martha voran und schlug dabei kräftig mit dem Kochlöffel auf den Topf. Immer wieder riefen sie: „Wir sind hier. Wir sind laut. Weil ihr der Füchsin ihr Zuhause klaut."

Mittlerweile hatten sich noch mehr Kinder aus anderen Klassen zu ihnen gesellt. Die Gruppe wurde größer und füllte langsam den ganzen Vorplatz der Schule. Als die Schulglocke ein zweites

Mal ertönte, marschierten sie einfach unbeirrt weiter. Martha lächelte zufrieden.

Da kam die Schuldirektorin mit einigen Kollegen ganz aufgeregt aus der Schule gelaufen. Auch Herr Wagner war dabei. Martha wurde unsicher, denn sie hatte leider keinen Plan, wie es nun weitergehen sollte. Bestimmt machen die Lehrerinnen und Lehrer dem Ganzen gleich ein Ende, dachte sie besorgt.

„Wer ist hierfür verantwortlich?“, rief auf einmal jemand über das Gebrüll der Kinder hinweg. Ein Mann mit einer Kamera um den Hals und einem Block in der Hand bahnte sich seinen Weg durch die Menge.

Hector zeigte auf Martha und rief stolz: „Sie ist dafür verantwortlich!“

„Hallo, ich bin Timon Brandner, Vater von Mirabelle aus der 2b und Journalist. Ich schreibe für die Stadtzeitung. Können wir ein kurzes Interview führen?“

Martha nickte und dann erzählte sie ihm von der Füchsin und dem geplanten Parkhaus. Herr Brandner schrieb alles mit. Dann gab Martha ihm noch die Telefonnummer ihrer Mutter, damit die

Zeitung mit ihrer Erlaubnis das Interview auch abdrucken durfte. Der Journalist knipste noch ein Foto und verschwand in Windeseile. Der Artikel sollte schon am nächsten Tag in der Stadtzeitung erscheinen.

Bevor die Direktorin den Streik auflösen konnte, rief Martha den anderen Kindern zu: „Wir können aufhören. Geht jetzt in den Unterricht. Ich danke euch!“

Herr Wagner erwähnte in seinem Unterricht den Streik mit keinem Wort. Aber er schimpfte auch nicht, was Martha ein wenig merkwürdig fand.

Am nächsten Morgen lief Martha vor der Schule zum Kiosk und kaufte sich von ihrem Taschengeld die neueste Ausgabe der Stadtzeitung. Der Journalist hatte nicht zu viel versprochen. Schon auf der ersten Seite war ihr Foto abgebildet. Die Überschrift lautete: „Die elfjährige Martha stellt sich den Baggern entgegen.“ Wow, wie mutig das klang! Martha musste lachen.

In den nächsten Tagen klingelte das Telefon bei ihrer Mutter Sturm und auf einmal wollten ganz viele Journalistinnen und Journalisten mit Martha sprechen. Eine Woche später war das Schild vor dem Parkeingang verschwunden. Stattdessen stand da ein neues Schild mit der Aufschrift: *Der Park bleibt erhalten. Die Stadtverwaltung.*

An diesem Tag kam Herr Wagner mit einem zerknirschten Gesicht in die Schule. Er stellte sich vor die Klasse und sagte: „Kinder, ich möchte mich hiermit bei euch allen, aber vor allem bei dir, Martha, entschuldigen. Ich habe den Streik zuerst nicht ernst genommen. Ich war der Meinung, dass ein Kind in dieser Welt nichts bewirken kann. Aber ihr habt mir gezeigt, dass das doch geht. Ich bin mächtig stolz auf euch. Ich habe die beste Klasse der Welt. Und beinahe hätte ich es nicht erkannt. Als Erwachsener kann ich von euch sogar noch etwas lernen. Und unser nächstes Thema lautet: Wer sind meine Vorbilder?“

Die Kinder jubelten und kreischten: „Martha! Martha!“ Martha lächelte glücklich und wusste, dass sie zu dem Thema einen Vortrag über das Mädchen aus Schweden halten würde.

Schon
gewusst
?

KENNST DU GRETA THUNBERG?

Im Sommer 2018 begann die fünfzehnjährige Greta Thunberg, vor dem schwedischen Reichstag zu protestieren. Anstatt in die Schule zu gehen, kündigte sie an, so lange freitags zu streiken, bis die schwedischen Politikerinnen und Politiker mehr für den Klimaschutz tun würden. Diese Schulstreiks nannte Greta *Fridays for Future*. Das ist Englisch, übersetzt bedeutet es „Freitage für die Zukunft". Sie postete das im Internet, sodass immer mehr Kinder und Jugendliche darauf aufmerksam wurden. Seitdem gehen Schülerinnen und Schüler weltweit auf die Straße und setzen sich für mehr Klimaschutz ein.

Erdbeeren im Winter

Ben stapfte durch den Schnee, der unter den Sohlen seiner Winterstiefel knirschte. Die Hände steckten in dicken Fäustlingen und der Schal bedeckte sein Gesicht. Ben war auf dem Weg zum großen Supermarkt. Seine Mutter hatte ihn noch mal losgeschickt, weil sie frische Erdbeeren für den Kuchen brauchte. Bens kleine Schwester Agnes hatte morgen Geburtstag und Erdbeerkuchen war ihre Lieblingsspeise.

Es dämmerte bereits, obwohl es noch nicht einmal Abend war.

Die Schiebetüren gingen auf und er stand im hell erleuchteten Einkaufsladen. Ben schnappte sich einen Korb und wollte gerade zielstrebig in die Obstabteilung gehen, da blieb er neugierig stehen. Was er sah, kam ihm ungewöhnlich vor. Eine bunt gekleidete Frau war dabei, Wasser aus ihrer Trinkflasche in die Töpfe mit dem Basilikum und der frischen Minze zu gießen. Neben ihr stand ein Junge, der einen langen rosafarbenen Wintermantel trug, wie es ihn eigentlich nur für Mädchen zu kaufen gab. Unter seiner Schiebermütze fiel sein langes Haar bis auf den Rücken.

Ben versuchte, die beiden nicht allzu offensichtlich anzustarren. Im großen Bogen lief er um sie herum, um nach einer Packung Erdbeeren zu greifen. Bevor er das Regal erreichen konnte, standen die zwei bereits vor ihm bei den Erdbeeren. Ben traute sich nicht an ihnen vorbei, um sich eine Packung Erdbeeren zu nehmen. Dazu hätte er die Frau und den Jungen sicher erst einmal ansprechen müssen. So vielleicht: „Entschuldigung, dürfte ich mal an die Erdbeeren ran?“ Nein, das traute er sich nicht zu sagen. Er war auch viel zu neugierig, was die beiden miteinander sprachen. Ben fiel auf, dass sie weder einen Einkaufswagen noch einen Korb dabeihatten.

Das ist sicherlich die Mutter des Jungen, dachte Ben. Die Frau hob eine Plastikschale Erdbeeren an und begutachtete zuerst die Verpackung. „Diese Erdbeeren befinden sich in einer Plastikschale und sind zusätzlich in Plastikfolie eingeschweißt“, sagte sie. „Was fällt dir bei diesen außergewöhnlich hellen und großen Erdbeeren auf, Johann?“

„Erdbeeren mögen es warm und sonnig. Da es draußen schneit, müssen sie von weit herkommen. Das bedeutet lange Transportwege, und Transportwege verursachen einen hohen CO2-Ausstoß.“

„Wann ist Erdbeersaison bei uns?“

„Mai bis Juli.“

„Großartig. Und weißt du auch, welches Obst oder Gemüse bei uns im Winter geerntet werden kann?“

Johann sah sich um. „Grünkohl!“, rief er aus.

„Sehr gut. Da er frisch ist, enthält er wesentlich mehr Vitamine als die Erdbeeren, die so einen langen Transportweg hatten. Ich bin stolz auf dich, lass uns weitergehen.“

Die beiden verschwanden im nächsten Gang.

Ben griff nach einer Schale und betrachtete die Erdbeeren. Er musste zugeben, dass er sich noch nie darüber Gedanken gemacht hatte, woher die Erdbeeren wirklich kamen, die es im Supermarkt das ganze Jahr über zu kaufen gab. Und diese hier sahen trotz der vorteilhaften Beleuchtung wirklich nicht sehr süß und saftig aus, sondern eher wässrig. Er schüttelte sich und wollte die Erdbeeren nun nicht mehr kaufen. Also lief er kurzerhand zu dem Grünkohl und legte einen der Kohlköpfe in seinen Korb.

Zurück zu Hause gab er seiner Mutter den Einkaufsbeutel. Die griff hinein, hielt einen kurzen Moment inne und starrte Ben ungläubig an. „Was ist das denn, bitte?“

„Ein Grünkohl.“

„Das sehe ich! Aber ich habe dir doch aufgetragen, frische Erdbeeren zu kaufen. Was soll ich denn mit einem Grünkohl?“

„Die Erdbeersaison hat noch nicht begonnen, sie beginnt erst im Mai. Deswegen konnte ich keine

Erdbeeren kaufen.“ Bevor seine Mutter etwas darauf erwidern konnte, drehte sich Ben blitzschnell um und rannte in sein Zimmer. Seine Mutter blieb mit einem leicht verdutzten Gesichtsausdruck sprachlos zurück.

Der Geburtstag seiner Schwester wurde am nächsten Tag mit einem Schokoladenkuchen gefeiert. Ben wunderte sich, dass seine Mutter bislang nichts mehr zu den Erdbeeren gesagt hatte. Doch beim Mittagessen wurde ihm klar, warum. Mit einem schadenfrohen Grinsen packte seine Mutter ihm eine extragroße Portion Grünkohl auf den Teller. Normalerweise hätte er sich geweigert, den zu essen, aber das hatte er sich ja nun selbst eingebrockt. Seine Mutter wusste, wie sehr Ben es hasste, neue Gerichte zu probieren. Aber Ben ließ sich nichts anmerken, im Gegenteil. Er bedankte sich überschwänglich und begann, einen Haufen Grünkohl in sich hineinzuschaufeln. Nach den ersten Bissen war er überrascht, wie lecker der bisher unbekannte Grünkohl mit den Kartoffeln war. Es schmeckte ihm sogar so gut, dass er seine Mutter um einen Nachschlag bat. Anschließend

lehnte er sich pappsatt und mit einem breiten Lächeln im Gesicht zurück.

Am Nachmittag trafen die Geburtstagsgäste seiner Schwester ein. Und als die kleinen Mädchen in ihren Prinzessinnenkostümen in sein Zimmer stürmten, um ihn zu überreden, den Prinzen zu spielen, suchte er das Weite. Er zog sich seinen dicken Wintermantel an und verzog sich nach draußen in den Park.

Es schneite auch an diesem Tag und die Schneeflocken tanzten dicht vor seinem Gesicht. Die große Wiese war mit Schnee bedeckt und unter den Bäumen war eine neue Holzhütte errichtet. Er hatte sie bisher noch nie gesehen. Wie ein Tipi hatte sie ein Spitzdach, die Wände waren allesamt aus Stämmen und Ästen gebaut. Erst hörte er ein lautes Gebrüll, dann erkannte Ben den Jungen im rosa Mantel von gestern wieder. Er wurde von zwei Jungs geärgert, die ihm hinterherliefen und riefen: „Rosa Sachen sind zum Lachen, rosa Sachen, lass es krachen."

Ben kannte einen der beiden Jungs, der gerade einen Schneeball auf den Jungen in dem Mantel warf. Es war Lennart, der vorhin noch brav seine kleine Schwester bei ihm zu Hause abgeladen hatte. Ben war sich sicher, dass Lennart und sein Freund die neue Hütte nicht selbst gebaut, sondern einfach nur beschlagnahmt hatten.

Er lief auf den Jungen im Mantel zu, der in der Zwischenzeit seine Schiebermütze abgenommen hatte und den Schnee davon abschüttelte. Als

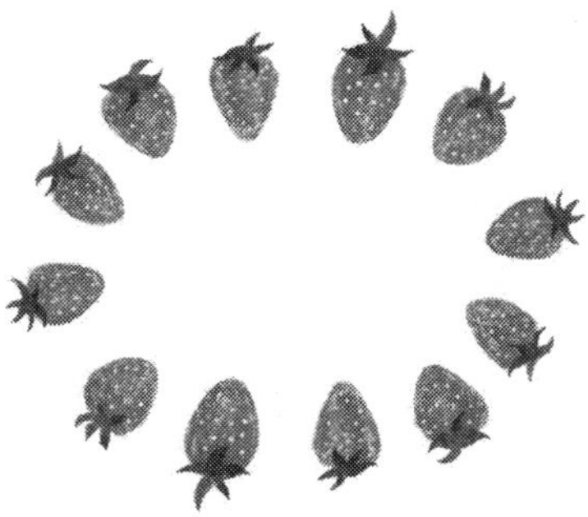

Ben vor ihm stand, grinste der Junge ihn an. „Ich kenne dich doch. Du warst gestern auch in diesem großen Supermarkt. Ich bin Johann. Und wie heißt du?“

„Ich heiße Ben“, sagte er. „Hast du die Hütte gebaut?“

„Ja. Im Unterricht“, antwortete Johann.

„Wow! Im Unterricht? Auf welche Schule gehst du denn, dass ihr dort so tolle Sachen macht?“

„Auf gar keine. Meine Mutter unterrichtet mich seit der ersten Klasse zu Hause. Oder wie gestern auch mal im Supermarkt. Das Gute ist, dass ich mir mit Jungs wie diesen da nicht den Klassenraum teilen muss“, sagte Johann und zeigte auf Lennart, der gerade einen neuen Schneeball formte.

„Das kann ich gut verstehen“, meinte Ben.

Da ertönte ein lang gezogener Pups, dem eine fürchterliche Stinkwolke folgte.

Ben wurde rot und stammelte: „E-Entschuldigung.“

Johann lachte und rief: „Alle Mann in Deckung.“ Und schon rannte er los, aber Ben war ihm dicht auf den Fersen. Irgendwann blieb Johann stehen und hielt sich die Seite. „Seitenstiche“, meinte er.

„Das tut mir voll leid, aber irgendwie …“, weiter kam Ben nicht, da winkte Johann schon längst ab.

„Schämst du dich etwa wegen des Pupses?“

Ben nickte und zugleich wehte der Geruch von einem neuen Pups um sie herum.

„Du hast wohl Kohl zu Mittag gegessen, was?“, fragte Johann.

„Grünkohl! Den habe ich zum ersten Mal probiert, der ist echt nicht schlecht, aber wenn ich gewusst hätte, dass …“

„Ach, das ist ganz normal, dein Körper muss sich erst daran gewöhnen. Aber ich habe eine Idee. Bevor die Pupse wieder verschwinden, müssen wir sie für unsere Verteidigung nutzen. Dann sind wir die Jungs nämlich ein für alle Mal los.“

Gebückt schlichen die beiden zur Rückseite der Hütte zurück und knieten sich hin.

„Hier an der Stelle stehen die Äste nicht so dicht. Wenn du hier pupst, zieht das direkt in die Hütte hinein“, flüsterte Johann.

Ben musste nicht lange warten und schon pupste er ein paar Mal so kräftig, dass es dabei ordentlich knatterte.

Plötzlich hörten sie aus dem Inneren der Hütte ein Husten und ein Röcheln. „Du hast gepupst“, hörten sie Lennart in der Hütte schreien.

„Nein, das war ich nicht“, antwortete sein Freund.

„Puh, wie das stinkt. Das ist ja nicht auszuhalten. Wer soll es denn sonst gewesen sein? Willst du mir etwa die Schuld in die Schuhe schieben? Hör doch auf zu lügen."

Johann und Ben mussten sich hinter der Hütte das Lachen förmlich verkneifen.

„Ich lüge nicht. Ich habe nicht gepupst", rief der Freund.

„Igitt. Mit dir werde ich nicht mehr spielen. Und das hier ist sowieso eine blöde Hütte."

Ben und Johann schielten vorsichtig um die Ecke und sahen, dass die beiden Jungs aus der Hütte krauchten und in verschiedene Richtungen davonrannten.

„Die haben wir ausgetrickst", meinte Johann.

„Glaubst du, die Luft ist rein?", fragte Ben.

„Nein", gluckste Johann.

Daraufhin kringelten sich die beiden vor lauter Lachen so sehr, dass sie in den Schnee fielen und sich die Bäuche halten mussten.

Als es endlich Frühling wurde, durften die beiden neuen besten Freunde die ersten Erdbeeren im Garten von Johanns Mutter ernten. Eigentlich wollten sie damit einen leckeren Erdbeerkuchen backen, doch die Erdbeeren waren so süß und saftig, dass sie nicht aufhören konnten, davon zu naschen. Erst zum Ende der Saison hatten sie endlich genug davon. Für Bens kleine Schwester Agnes backten die beiden Jungs mit den letzten Erdbeeren des Jahres schließlich noch einen Erdbeerkuchen. Dann war Schluss und sie freuten sich schon auf die nächste Erdbeersaison. Denn nur zur Erdbeerzeit waren diese Früchte himmlisch lecker und etwas ganz Besonderes. So sollte es auch bleiben!

Schon gewusst?

WAS IST EIGENTLICH EINE NACHHALTIGE ERNÄHRUNG?

Regionale und saisonale Lebensmittel bedeuten eine geringere CO_2-Belastung für die Umwelt, weil die Transportwege kürzer sind und Obst und Gemüse nicht unter hohem Energieaufwand in Gewächshäusern produziert werden müssen.

Eine nachhaltige Ernährung bedeutet deswegen auch aktiven Klimaschutz. Ein weiterer Vorteil ist, dass saisonale und regionale Produkte intensiver schmecken und gesünder sind, weil sie mehr Vitamine enthalten..

Nachwort

Haben dich die Geschichten begeistert? Überlegst du nun, welchen Beitrag du für die Umwelt und das Klima leisten könntest? Schon kleine Dinge können einen großen Unterschied machen: ein Stück Kaugummipapier vom Boden aufzuheben und in den Mülleimer zu schmeißen; lernen, den Müll richtig zu trennen; einem erschöpften Insekt auf heißem Asphalt in die Büsche zu helfen. Wenn du draußen aufmerksam unterwegs bist und die Augen offen hältst, wirst du genug Gelegenheiten finden.

Was wünschst du dir für eine Zukunft?
Gemeinsam können wir sie gestalten.

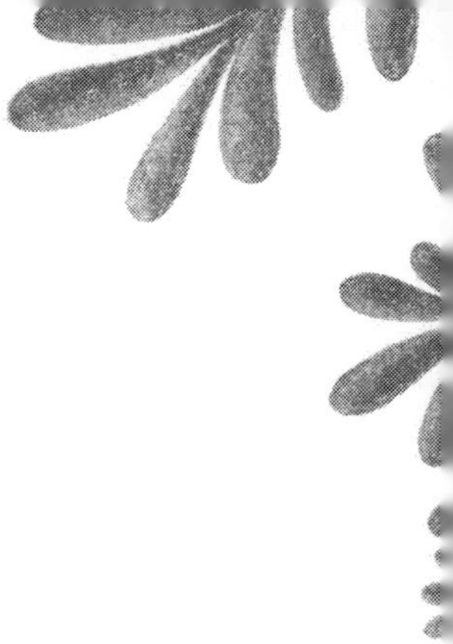

QUELLEN

Seiten	Quellenangaben
26 | 27	Check deine Welt, Quiz- und Wissensportal herausgegeben vom Bundesministerium für wirtschaftliche Zusammenarbeit und Entwicklung (BMZ) https://www.checkdeinewelt.de/wissen/r/ressource/index.jsp (17.09.2021) GEOlino, G+J Medien GmbH https://www.geo.de/geolino/natur-und-umwelt/9805-rtkl-er-doel-ein-kostbarer-rohstoff (17.09.2021) Naturschutzbund Deutschland (NABU) https://www.nabu.de/umwelt-und-ressourcen/abfall-und-re-cycling/22033.html (17.09.2021)
44 | 45	Wikipedia https://de.wikipedia.org/wiki/Phytoplankton#:~:text=Phyto-plankton%20ist%20f%C3%BCr%20die%20Produktion,sogar%20 70%20bis%2080%20Prozent (17.09.2021) GEOlino, G+J Medien GmbH https://www.geo.de/geolino/tierlexikon/1723-rtkl-tierlexikon-plankton (17.09.2021) Coiffeur Justes https://coiffeurs-justes.com/ (17.09.2021)
66 | 63	Lexikon der Nachhaltigkeit, Aachener Stiftung Kathy Beys https://www.nachhaltigkeit.info/artikel/upcycling_2004. htm#:~:text=Upcycling%20ist%20eine%20Form%20der,Upcyc-ling%20zu%20einer%20stofflichen%20Aufwertung. https://www.kindersache.de/bereiche/wissen/natur-und-mensch/was-ist-upcycling (21.04.2015)
80 | 81	Umweltbundesamt https://www.umweltbundesamt.de/bild/vergleich-der-durch-schnittlichen-emissionen-0 (05/2021)

Seiten	Quellenangaben
96 | 97	Kindersache.de, Deutsches Kinderhilfswerk e.V. https://www.kindersache.de/bereiche/wissen/natur-und-mensch/was-ist-photosynthese (14.02.2020)
	Quarks, Westdeutscher Rundfunk Köln https://www.quarks.de/umwelt/klimawandel/so-eine-grosse-wirkung-hat-so-wenig-co2/ (26.10.2018)
110 | 111	Bundesanstalt für Landwirtschaft und Ernährung https://www.oekolandbau.de/bio-im-alltag/bio-erleben/aktiv-werden/wettbewerb-jede-bluete-zaehlt/ (17.09.2021)
122 | 123	Umweltbundesamt https://www.umweltbundesamt.de/themen/wasser/meere (18.07.2013)
	Statista https://de.statista.com/infografik/17508/haltbarkeit-von-plastikmuell-im-meer/ (28.03.2019)
158 | 159	Kindersache.de, Deutsches Kinderhilfswerk e.V. https://www.kindersache.de/bereiche/weltkindertag/wer-ist-greta-thunberg (22.03.2019)
	Fridays for future https://fridaysforfuture.de/about/ (17.09.2021)
172 | 173	Umweltbundesamt https://www.umweltbundesamt.de/umwelttipps-fuer-den-alltag/essen-trinken/biolebensmittel#unsere-tipps (01.12.2020)
	Utopia https://utopia.de/klimabilanz-lebensmittel-vergleich-188338/ (22.06.2020)

Printed in Poland
by Amazon Fulfillment
Poland Sp. z o.o., Wrocław
13 April 2022

66cb0059-aab9-49fe-9a95-908bfaf71fc5R01